NEW 화장품학

고혜정 · 김노수
김은화 · 엄미선
오정숙 공저

New Cosmetology

Gadam Books

| 머리말 |

화장품학은 화학, 생물학, 피부과학, 신소재 연구, 마케팅, 심리학, 색채학 등의 유기적인 결합에 의해 발전하는 융복합 특성을 지닌 종합학문분야이자 응용학문 분야이다.

여기에 뷰티 미용 분야를 공부하는 학생들이 많아지면서 뷰티 서비스 분야의 각각의 실습 교과뿐만 아니라 화장품학과 같은 응용 종합학문 분야에 대한 상세한 교육 서비스 요구도 높아지고 있다.

뷰티 서비스 분야의 세분화와 전문화에 힘입어 이와 관련이 있는 화장품에 대한 관심이 높아지고 있으며, 피부 유형에 적합한 화장품의 선택과 관리 방법 역시 중요성이 높아져 인체에 대한 바른 적용을 위한 전문 지식의 습득이 요구되어 진다.

본서에서는 국내 화장품 산업의 발전과 함께 보다 많은 이들에게 전문적인 업무를 수행하고 뷰티 서비스의 세부 분야인 피부미용, 헤어미용, 메이크업, 네일미용 등에서 활용도를 높이고자 노력 하였다.

그리고 날로 높아지는 고객의 니즈(needs)를 파악하고 각 제품군과 품목에서 요구하는 유효성을 파악해 화장품 회사의 근무 현장이나, 뷰티 서비스 세분야에서의 활용에 도움이 되고자 하였다.

이론과 실무의 적절한 균형을 통해 완성도를 높이고자 하였으나 일부 부족한 점이 있으리라 생각되며 앞으로 미진한 점은 더욱 보강 화장품학에 대한 좋은 길잡이이자 실무 현장에서의 적용성을 높일 수 있도록 수정해 나가고자 한다.

끝으로 본서의 출간을 위해 힘써 주시고 지원해 주신 가담출판사에 고마움을 전합니다.

2013. 7.

저자 일동

Contents

VIII. 화장품 산업과 마케팅 183

I. 화장품학 개론

NEW 화장품학

1-1 화장품의 정의

1. 화장품의 정의

화장품은 아름다움을 가꾸고 유지하기 위해 현대 인류에게 매우 필수적인 삶의 요소로 부각 되었다.

화장품은 동서양의 생활 양식에 따라 다양한 어휘와 의미로 사용되었는데, 전세계적으로 통용되는 코스메틱(COSMETIC)의 어원적 의미부터 살펴보면 다음과 같다.

Cosmetics → **Kosmetikos** → **Kosmos** 'The Order of Universe' (우주의 질서, 우주의 명령)

(화장품) 고대 그리스어(화장) (우주)

그리스어 Kosmetikos(화장)는 Kosmos(우주)의 명령과 질서를 위해 아름다운 대상(사람)을 보다 더 아름답게 가꾸어 '우주의 질서와 명령에' 부합하는 기술이다.

그림 1-1 화장품의 어원

코스메틱(Cosmetics)은 영어 어휘이나 그 언어적 뿌리는 고대 그리스어에서 파생되었다. 이 어휘는 고대 서양 세계의 학문적 언어였던 그리스어 Kosmetikos가 기원이며, 이 Kosmeticos는 우주라는 의미의 그리스어 Kosmos(영어: Cosmos)에서 파생되었다.

영어 어휘로써 Cosmos는 '우주'라는 단순한 뜻을 가졌지만 그리스어 Kosmos는 'The Order of Universe'(우주의 질서, 우주의 명령)란 의미를 지니고 있다.

이러한 의미를 종합해 보면 그리스어 Kosmetikos(화장)는 Kosmos(우주)의 명령과 질서를 위해 아름다운 대상(사람)을 보다 더 아름답게 가꾸어 '우주의 질서와 명령에 부합하는 좋은 기술'이라 말할 수 있다.

이러한 심오한 철학적 사유의 결과가 나올 수 있었던 배경에는 고대 그리스인들의 사유 체계가 반영된 것으로 여기에서의 우주는 세상 피조물을 만들어낸 창조주(신)을 뜻한다. 신(神)은 자신이 만든 아름다운 대상인 여성에게 자신이 만든 상태보다 더욱 아름다워지도록 가꾸어야 한다는 신의 명령을 내려 자신이 만든 조화로운 우주 질서에 부합하라는 의미로 해석할 수 있다.

고대 그리스에서는 아름다움을 가꾸기 위한 행위를 단순히 이성인 남자에게 예뻐 보이도록 하는 차원이 아닌, 신께 향하는 신실한 마음과 의식으로 자신의 아름다움을 발견하며 신의 명령에 따른 기쁨을 누리도록 한 것으로 인식하였다. 철학적인 그리스인들다운 발상이다.

이러한 개념은 서양의 역사에서 종교적 가치가 무르익은 중세를 지나 서기 1600년

경부터 그리스어 Kosmetikos(화장)이 오늘날 화장품의 의미에 맞는 직접적 어원이 된 이유이다.

그래서 서양에서는 아름다움에 대한 심오한 철학적, 종교적 의미를 부여했고, 화장이라는 행위 역시 신에 대한 엄숙한 의식이며 이러한 의식은 곧 개인의 표현을 넘은 사회적, 종교적 신앙의식의 표현이라 할 수 있으며, 교회에 갈 때 가장 좋고 아름다운 옷을 입고 정성껏 예를 갖추는 것과 일맥상통한 의식이라 할 수 있다.

화장품의 어원에서 엿보이는 종교적 느낌은 고대로 거슬러 올라가면 더욱 확연한 색채를 띤다. 신께 제례와 제의를 드리는 신관은 다른 사람과 차별되는 옷차림과 외양을 하고, 다른 이가 하지 않는 형형색색의 다양한 장식구와 보석, 도구를 활용해 자신의 특별함과 위엄, 장중함을 드러내 자신의 신이 가진 강한 힘과 영광을 돋보이려 한다.

현재 우리나라에서는 위와 같은 철학적 내용이 아닌 실재적인 화장품의 정의를 내려 명확히 활용하고 있다. 국내 화장품법 제 2조 제1항에서 정의한 내용은 다음과 같다.

> 화장품은 인체를 청결 · 미화하여 매력을 더하고 용모를 밝게 변화시키거나 피부, 모발의 건강을 유지 또는 증진하기 위하여 사용하는 물품으로서 인체에 대한 작용이 경미한 것을 말한다.
> (화장품법 제 2조 제 1항)

위 조항에서 화장품은 피부와 모발 등에 바르거나 뿌리며 활용하는 물품으로 인체의 청결과 아름다움 증진, 매력 증진, 용모 미화 및 용모 변화를 위한 것들이 모두 포함되어 있다.

각 나라에서 화장품에 대한 정의는 문화와 종교, 역사에 따라 내용이 조금 달라질 수 있다.

전 세계에서 화장품의 마켓 쉐어가 큰 유럽과 북미를 포함해 우리나라와 일본 등의 화장품에 대한 정의를 살펴보면 다음과 같다.

표 1-1 세계 각국의 화장품 정의

구분	적용 법률	정 의
한국	화장품법	화장품은 인체를 청결 · 미화하여 매력을 더하고 용모를 밝게 변화시키거나 피부, 모발의 건강을 유지 또는 증진하기 위하여 사용하는 물품으로서 인체에 대한 작용이 경미한 것을 말한다.
일본	약사법	화장품이란 인체를 청결하게 미화하여 매력을 더하고, 용모를 변화시키거나 피부나 모발을 건강하게 유지하기 위하여 신체에 도찰, 살포 그밖의 이와 유사한 방법으로 사용되는 것으로 인체에 대한 작용이 완화한 제품을 말한다.
E.U	Cosmetic Derective 76/768/EEC	화장품이란 인체의 모든 외피 부분(피부, 손발조직, 손발톱, 입술 및 외부 생식기관) 또는 치아 및 구강 점막 부위를 청결하게 하고 향취를 부여하고 또는 건강한 상태로 유지하거나 보호하고 용모를 변화시키거나 체취를 정돈하기 위하여 해당 부위에 접촉시킬 목적을 갖는 어떠한 물질과 제품을 의미한다.
U.S.A	Food, Drugs and Cosmetics Act	인체의 구조, 기능의 변화없이 인체를 미화하고 매력을 촉진하며 외모를 변형하기 위하여 인체에 적용하는 물품을 의미한다.

출처 : http://ashleytics.blog.me/80143238176

표 1-2 화장품과 의약외품, 의약품의 관계 비교

구 분	대상	기능	사용기간	부작용
화장품	일반인	청결, 용모 미화	장기간, 지속적	무(無)
의약외품	일반인	개인위생, 예방	장기간, 지속적	무(無)
의약품	환자	질병 진단, 질병치료, 예방	단기간 (일정기간)	있을 수 있음

2. 화장품의 요건

현대인들의 사회 활동이 증가하고 외모를 아름답게 가꾸는 것이 사회적 경쟁력을 갖는 시대에 진입함으로 화장품은 예전처럼 단순히 용모를 미화하고 건강하게 유지해 주는 물품으로 그치지 않고 라이프스타일과 문화적 산업으로 더욱 확장되고 있다.

화장품은 전문화되고 분화된 사용 목적과 기능을 가지며 발전하지만 더불어 기능성이 지나쳐 유해한 부작용을 유발해서는 안된다. 화장품은 인간이 태어나는 신생아 시기부터 죽을 때까지 장기간에 걸쳐 사용되며, 연령별, 성별, 민족별 보편성을 띠고 사용하는 물품이므로 인체에 유해한 부작용이 없어야 한다.

표 1-3 화장품의 4대 요건

안전성	인체에 대한 부작용, 자극, 독성 등이 없어야 함
사용성	사용 시 촉촉한 사용감, 산뜻한 흡수감, 발림성, 향취 등이 좋아야 함
유효성	보습효과, 피지분비 조절, 주름예방 및 노화방지, 미백, 자외선 차단, 색채 부여 등
안정성	제품의 변질 및 산화방지, 변색, 변취 방지 등

그러므로 화장품의 요건 중 가장 중요한 항목은 기능성보다 안전성이 우선한다. 화장품의 안전성을 위해 화장품의 제조, 개발, 생산, 유통, 판매과정에서부터 안전성의 유지는 생산자와 판매자의 기본이며, 판매 이후에 고객단계에서의 보관과 사용 과정 역시 안전성을 담보해야 하고, 화장품의 폐기 과정도 인체에 대한 안전성이 확보되어야 한다.

이러한 화장품의 안전성 확보를 위해 화장품이 갖는 물리, 화학적 속성에서부터 안전성 연구가 필요하며, 제조, 생산, 유통, 판매, 보관, 사용 과정에서의 미생물에 의한 오염, 광 안전성, 온도 안전성을 반드시 확보하여야 한다.

안전성에 이은 화장품의 요건으로는 사용성과 유효성, 안정성 등을 들 수 있다. 사용성은 화장품을 피부나 모발 등에 사용 시 편리하고 소비자의 기대효과에 부합할 수 있도록 사용감이 좋아야 한다. 아름다워지기 위해 사용하는 화장품이 사용방법과 과정이 불편하고 사용감이 나쁘다면 좋은 화장품이라 말할 수 없다. 특히 우리나라 소비자는 산뜻하고 가벼운 사용감, 흡수감, 촉촉함, 향취 등의 속성에 민감한 편이므로 좋은 사용감을 위한 기술력이 높은 제품이 큰 사랑을 받을 수 있다.

화장품의 유효성은 기능성이라 말할 수 있는데 사용하는 화장품의 효과가 소비자가 원하는 수준의 기능 충족치를 충족해야 한다. 예를 들면 촉촉한 보습 효과, 지성이나 여드름 피부의 과다 피지 분비 억제, 주름 완화 및 노화 억제, 자외선 차단, 미백 개선, 안색 보정 및 색채 부여 등의 유효성이 나타나야 하는 것이다. 우리나라의 '기능성 화장품' 제품이 유효성을 인정받아 국가의 공인을 받는 유효성 공인 제품이라 할 수 있다.

화장품의 안정성은 안전성과 다른 개념으로 화장품 자체의 변질 및 산화 방지, 변색, 번취 등이 없이 판내 기간동안 생산 시의 원래 품질을 유지할 수 있는 것을 말한다. 화장품의 안정성은 안전성과 함께 화장품 품질의 기본으로 일정수준 이상의 품질에 도달 하였을 시 염려하지 않아도 되지만 유통 및 보관, 판매 시의 광 노출, 온도, 습도 등에 따라 크게 영향을 받으므로 주의를 요한다.

1-2 화장품과 뷰티의 역사

화장품은 아름다움(美)의 역사와 불가분의 관계이다.

화장품은 인류 문명이 역사 시대로 접어들기 전부터 지구상에서 사용 흔적을 발견할 수 있으며 인류의 역사 발전과 함께 급격한 발전과 분화를 거듭하고 있는 분야이다.

화장품은 인간의 아름다워지고 싶어하는 욕구와 욕망의 혼합체이며 화장품 뿐만 아니라 아름다워지고 싶어하는 여러 기술과 방법인 미용 기술과 함께 활용되므로 이들을 함께 살펴보아야 한다.

처음에 인간은 신체의 장점과 좋은 면은 돋보이게 하고 단점은 감추거나 고쳐 자신의 가장 좋은 모습만을 보여주려 하였다. 옛 시대엔 겨울에 손이 트거나 갈리지는 것을 막고 건조함을 방지하고자 돼지 기름 등의 동물 기름을 피부에 바르거나 건조 기후에서 사막의 모래바람을 막고 인체의 건강을 유지하기 위해 머리에 장식적인 모자나 터번을 두르고 통풍이 용이한 모자를 쓰는 것이 대표적이다.

신체를 돋보이게 하는 인류의 다양한 노력과 방법은 여러 가지 주장이 있으나 대표적인 학설로 지지받고 있는 것들은 다음과 같다.

종교설

종교적 제의나 신께 주술적인 방법을 통해 의식을 행할 때 제사관이나 사제는 신체를 청결하게 하고, 향기가 나는 특별한 물질을 발라 다른 사람과 다른 향취로 신의 위엄과 엄숙함, 능력을 강조하고자 하였다. 또한 일반인과 구별되는 복장과 장신구, 도구를 사용함으로써 신께 다가갈 수 있는 특별한 능력을 과시하고자 하였다.

이는 신에게 정결한 마음과 육체를 통해 한걸음 더 다가가고자 하는 목적과 신에게 경배와 정성을 다해 원하는 것을 이루고자 하는 기원과 숭배를 나타내기 때문이다.

이러한 아름다움과 화장품에 대한 종교적 기원설은 세계 유수의 종교에서 사제나 신부, 목사, 스님, 무당, 주술사 등이 입는 특별한 복식과 준비과정, 향료의 사용에서 볼 수 있으며 일부 민족의 신체에 대한 채색, 문신, 복식, 도구 사용 등의 사례를 통해 생생히 볼 수 있다.

보호설

자신의 안전과 집단의 안전을 위해 외부의 위험으로부터 스스로를 보호하고자 신체를 치장하였던 것이 인간 자신의 아름다움을 장식하는 것으로 발전하였다는 학설이다. 이는 외부의 위험 요소가 사라진 후 장식성의 습관과 관습이 남아 이어진 것으로 볼 수 있다.

흔히 선사시대 이후의 인류가 전쟁 전에 전사의 신체에 부족간의 문양을 채색하거나 문신하여 동질감을 높이고 아군과 적군을 식별하려 했으며 적에게 공포감을 주어 기선을 제압하고 승리의 심리적 이로움을 얻고자 했던 것이 대표적이다.

이러한 습관과 전통이 민족과 부족간의 독특한 문양과 색채감을 발전시키고 문화적 자양분이 되어 계승 된 경우가 많으며, 인도 여성의 헤나 문신과 우리나라의 연지, 곤지 전통 역시 문화적 관습으로 미의식의 전통을 이어가고 있는 예이다.

■ 장식설

특정 시기에 신체에 특정한 문양을 그리거나 문신, 시술을 하던 방식에서 상례적인 장식과 채색, 문신, 도구 등의 사용이 관습화되어 미와 화장품으로 발전했다는 학설이다.
이는 선사시대부터 인류가 자신의 부족, 종족, 계급, 집단 내 서열, 신분을 구별하고 특징 지으며 자신만의 정체성을 표현하고자 한 것으로 각 시대와 나라마다 신분이나 계급별로 의상색, 장식 정도를 규제한 역사를 통해 알 수 있다.
특히 고대일수록 신분이 높은 사제와 왕, 귀족들은 남녀를 불문하고 화려한 의복과 장신구, 치장, 사치가 높았던 것을 살펴볼 때 일반 백성과 구별되고 구분되는 높은 과시성을 파악할 수 있으며 현대의 명품 소비도 이와 같은 욕망의 연장선상으로 해석할 수 있다.

1. 서양 문화사에서의 화장품

서양에서의 화장품의 역사는 뷰티의 역사와 궤를 같이 한다.

시대적, 역사적, 문화적 구분에 따라 서양의 뷰티와 화장품의 역사를 구분하면 이집트 시대, 고대 그리스 시대, 로마 시대, 중세 시대, 르네상스 시대, 근세 절대 왕정 시대, 근대, 현대의 시기로 정립해 볼 수 있다.

● 이집트 시대(B.C 3000 ~ B.C 30)

세계 4대 문명 중의 하나인 이집트는 메소포타미아 문명과 함께 서구 문화에 기원적 영향을 미친 문명으로 나일강의 규칙적인 범람을 통해 생겨난 넓고 기름진 충적토에서의 농업 생산성과 나일강의 수운을 통한 통상과 교류, 지중해를 통한 해외 교역으로 인한 부유함이 쌓은 토대이다.

이집트는 기름진 충적토의 영향으로 밀과 면화 등의 물산이 풍부하고 고대부터 풍요롭고 부유한 지역으로 알려져 강력한 파라오의 왕권과 독특한 종교관을 통해 거대한 피라미드와 신전, 스핑크스, 오벨리스크 등의 문화적 유산을 남겼다.

특히 피라미드에는 그 당시의 생활상과 문화상을 상형문자로 남겨 생생한 생활사 연구가 가능하게 하였고, 각종 벽화와 그림 등의 유물을 통해 이집트인들의 화려한 색채감과 다양한 장신구, 의상, 헤어 스타일, 미의식 등을 간접적으로 살펴 볼 수가 있다.

이집트에서는 건조하고 무더운 기온과 대기 환경으로 인해 안면 부위의 열을 식히고 통풍을 용이하게 하기 위한 가발과 헤어 스타일, 모자 등의 장신구가 애용되었다.

신분이 높을수록 가발의 높이를 높게 하고 인모 등을 이용해 장식성과 통풍이 유리하도록 디자인하여 사용하였으며 신분적 우월감을 과시하기 위해 왕족과 귀족, 사제 계급에서는 원색을 이용한 화려한 가발과 장신구, 보석 등을 이용한 부의 과시가 화려하게 어우러졌다.

더운 기온에 인체의 체온을 식히고 건강한 항상성 유지를 위해 강가의 진흙을 이용한 웨이브 가발도 흔히 사용 하였던 것으로 추정된다.

진흙을 모발에 발라 일정한 간격과 형태로 닿거나 막대나 나뭇가지 등의 도구를 이용해 태양열을 가해 형성된 웨이브가 퍼머넌트 웨이브의 원시적 기원이라 할 수 있다.

미이라를 만들고 풍부한 물산과 국가적 부유함을 살려 내세의 안녕과 행복을 빌었던 이집트인들은 강한 태양광으로부터 눈을 보호하기 위해 눈 주변에 검정이나 초록 등의 색채를 이용해 라인을 그려 강조하고 종교적 의미를 부여하였다.

특히 헤나를 이용한 다양한 색채 부여로 다양한 메이크업 효과를 표현하였으며 고대 이집트의 마지막 왕인 클레오파트라 여왕으로 상징되는 다양한 미의식의 표현 및 각종 미용법은 이집트가 가진 문화적, 역사적 영향력을 반증하기도 한다.

클레오파트라 여왕은 동생과 공동 왕위에 올랐으나 동생과의 경쟁에서 져 존폐 위기에 처했으나, 로마의 카이사르와 연합해 이집트 정권을 한 손에 거머쥐게 된다. 이후 카이사르와 연인 관계로 발전해 지중해 패권자인 로마에 입성해 카이사르의 아들을 낳았으나 정식 결혼 관계가 아니어서 카이사르로부터 법적인 후계자 자리를 얻지 못하고 카이사르 사망 후 옥타비아누스와의 정쟁을 피해 다시 이집트로 돌아와 후일을 도모 하려 하였다.

이후 옥타비아누스와 대립하던 안토니우스와 연합하여 옥타비아누스와 대결하고 안토니우스와 연인이 되어 함께 로마의 내전에 참여했다 옥타비아누스에게 패해 자결하고 이집트 왕조는 멸망하여 로마의 속국으로 전락하게 된다.

옥타비아누스는 후에 초대 로마 황제가 되고 로마 제국 번영의 기틀과 초석을 놓는 황제로 역사상 기록된다.

클레오파트라는 이집트의 여왕이나 인종적으로 알렉산더 대왕의 이집트 정벌로 이집트 왕이 된 그리스계 선조를 둔 그리스인계로 키가 작고 영특하며 미모가 뛰어난 편은 아니나 매우 총기가 있고 지적인 매력을 풍기는 여성이었다고 한다.

후대 프랑스의 철학자 파스칼이 표현한 '클레오파트라의 코가 조금만 낮았더라면 역사는 달라졌을 것이다'라는 표현은 후세인들이 로마 제국 최고의 권력자인 카이사르와 안토니우스를 모두 사로잡은 클레오파트라의 매력을 매우 뛰어난 이교도 여왕으로 해석하는 오류로 인해 생겨난 것이라 할 수 있다.

그림 1-2 이집트 시대 생활상을 담은 부조

클레오파트라는 지금의 피부과학적 지식으로 평가할 때에도 매우 뛰어난 피부 관리 비법을 가지고 있어 진귀하고 향기로운 각종 식물 추출 에센셜 오일과 향료를 통해 신비하고 우아한 이미지로 연출 했으며, 목욕을 즐기고 우유로 목욕을 즐기고 당나귀 젖이나 낙타 젖을 발효시킨 젖산을 목욕제로 사용해 지금의 AHA가 주는 노화 각질 및 피부결 개선, 촉촉한 보습 유지, 피부 표피의 재생 기능 강화 등의 효과를 누렸다. 또한 각종 향료와 식물 추출물을 이용한 연고 및 유액을 제조해 피부 보호용 화장품과 해충 방지 및 자외선으로부터 피부를 보호하는 용도로 사용하기도 하였다.

클레오파트라의 미용법과 화장품 등은 당시 최고의 문명국이었던 로마에 전파되어 이방의 매력적인 여인이 로마 권력자를 어떻게 사로잡은 비법인지에 대한 관심으로 널리 유행하기도 하였다.

● 그리스 시대(B.C 600 ~ B.C 146)

그리스인들은 척박한 자연환경으로 인해 일찍부터 해상 활동을 통해 지중해 각지에서 식민지를 건설하며 이민을 통한 도시국가를 형성하며 발전 하였다.

주로 해상 무역을 통해 지중해 전역에 네트워크를 형성하는 문명으로 그리스 본토, 에게해 연안, 흑해 연안, 이탈리아의 시칠리아 및 해안 연안, 스페인 등지 등에 폭넓게 거주하였다. 알렉산더 대왕의 그리스 통일 후 페르시아 및 인도 북부와 오리엔트와 이집트, 북아프리카 등의 대제국을 건설한 뒤 동서양의 문화를 융합하여 그리스적 전통과 가치관이 대제국 안에서 다양하게 융합되어 활용되는 결과를 낳았다.

그리스인들은 미의식에서 조화와 균형을 통한 질서와 자연스러운 아름다움을 숭상 하였고 과도한 치장과 강한 색조를 통한 아름다움을 즐겨했던 이집트와 달리 여성의 짙은 색채 부여와 과도한 장식성을 멀리해 수수하고 자연스러운 뷰티 문화를 갖게 하였다.

이는 상대적으로 남성에 비해 여성의 지위가 매우 낮은 그리스의 가부장적 문화의 특징으로 부드럽고 물결치는 자연스러운 웨이브와 머리를 흘러내리지 않게 고정하는 머리망이나 머리띠 등의 소박한 헤어 장신구를 주로 하였고, 피부의 보습과 보호를 위해 그리스인 의사 갈렌이 만든 콜드 크림을 처음으로 만든 선진문명이기도 하다.

그리스는 로마 제국에 멸망 후 그리스 · 로마 문명으로 복합되어 불리기도 하며 문학, 철학, 예술, 조각, 건축 등의 다양한 학문과 문화, 종교 등의 특성을 로마에 물려줘 서양 문화 공통의 문화적 기원이 되게 하였다.

그리스 여인들은 머리에 두른 얇고 하얀 베일로 우아한 드레이프성이 일품인 그리스식 의상과 맞춰 입었으며, '의학의 아버지'인 히포크라테스는 질병 치료와 건강 증진을 위해 영양과 식이, 피부 건강을 위한 마사지 요법, 피부병 연구, 위생 연구 등의 연구를 통해 전인적인 건강법과 실재 활용법에 대한 연구를 주장하였다.

그림 1-3 밀로의 아프로디테(비너스) 조각상

● 로마 시대(B.C 8세기 ~ 476)

로마는 그리스를 멸망시키고 카르타고도 멸망시켜 지중해 세계 전체를 지배하는 절대 강자로 부상 하였다. 이후 카이사르의 갈리아 정벌과 브리타니아 정벌로 서유럽 문명의 경계선과 거의 일치하는 로마의 영토를 넓혔고 이후 후계자인 옥타비아누스(아우구스투스 황제)에 의해 더욱 넓은 영토와 강력한 군대를 통해 고대의 학문과 철학, 예술, 문화적 다양성이 공존하는 문명국가를 이룩하였다.

로마의 남성은 남아있는 조각과 그림을 통해 살펴보면 짧은 길이의 머리에 가벼운 웨이브를 넣은 형태를 하였고 여성은 가발을 이용해 다양한 스타일을 연출하거나 머리를 땋고 각종 장신구를 통해 아름다움을 나타내었다.

특히 로마인들은 다른 민족과 다르게 유난히 목욕과 아로마 에센셜 오일, 향료를 이용한 마사지와 사우나를 즐긴 민족으로 황제는 로마 시민의 욕구에 부응하고 자신의 위엄과 민심을 얻기 위한 방책으로 대규모의 목욕탕을 지어 로마 시민에게 제공하였다.

로마인들은 상수도와 하수도 시설 및 분수, 목욕탕 시설을 많이 지었고 그리스 여성들과 다르게 로마의 여인들은 사치와 향락, 짙은 색채 화장, 염색 등을 통한 미모 가꾸기에 열과 성을 다하는 시대였다.

● 중세 시대(476 ~ 14세기)

중세 시대는 로마 제국의 멸망 후 '로마의 멸망이 도덕적 타락과 사치로 인한 하느님의 징벌'이라는 엄격한 기독교적 신앙 아래 금욕적 삶과 종교적 삶을 통해 구원받기를 희망하는 종교의 시대이기도 하다.

이를 계기로 고대의 자유분방하고 화려한 문명은 악으로 규정되어 목욕, 사우나, 마사지, 화장품, 화장 등의 요소는 전통이 단절되고 의상도 온 몸을 감싸 금욕적 삶을 위한 형태만 허용되있다. 개인의 위생과 청결은 등한시 되어 결국 개인위생과 도시의 환경 위생의 부족으로 흑사병과 같은 대 재앙을 만나 중세 유럽인구가 큰 폭으로 감소하였다. 흑사병으로 인해 '피리 부는 사나이'와 같은 전설이 생겨나게 되었다.

종교가 지배하던 중세 시대는 로마 시대에 비해 모든 문명의 퇴보가 진행되어 암흑시대라 일컬으며 특히 여성에 대한 무자비한 탄압이 자행되어 마녀 재판으로 인한 수많은 여성의 희생이 발생 하였고, 이단이라는 이유로 잔혹한 고문에 처해 얼울하게 죽임을 당하는 사람이 많았다.

이러한 이유로 아름다움을 위한 화장과 장신구, 화장품 등은 발전할 수 없었고 향료와 허브 등의 활용도 퇴보하는 결과를 가져와 중세는 화장품과 미용의 역사에서도 암흑기라 할 수 있다.

● 르네상스 시대(14세기 ~ 16세기)

중세의 마지막 시기에서 서유럽은 십자군 전쟁을 통한 동방과 이슬람 세계와 만나게 되고, 서로마 제국의 멸망 이후에도 굳건한 역사를 자랑하는 동로마제국(비잔틴 제국)과의 교류로 점차 중세의 암흑기를 벗어나게 된다. 앞선 동로마 제국의 로마시대 유산과 전통, 앞선 기술과 과학, 의학 등을 전하고 선진적인 이슬람 문명과의 접촉은 고대의 문학, 철학, 역사, 과학, 예술, 문화 등에 자각과 관심을 불러 일으켰으며 앞선 이슬람의 과학과 화학, 수학, 의학 등의 지식은 유럽에 대학의 설립 및 연금술을 기치로 내건 화학의 발전을 가져왔고 신(神) 위주의 가치관에서 인간 중심의 가치관으로 전환하게 하는 크나큰 인식의 계기를 불러 왔다.

이러한 인식과 가치의 변화는 동방과 무역을 통해 다양한 문물을 접하고 금융업을 통해 거대한 부를 쌓은 피렌체의 메디치 가문이 선도 하였다. 이탈리아의 피렌체에서는 르네상스라고 불리는 인간성 회복 및 문예부흥의 시기로 레오나르도 다빈치, 미켈란젤로, 라파엘로 등의 르네상스 시대의 3대 미술가를 탄생 시켰고 곧 바티칸을 중심으로 한 거대한 건축물의 건축과 알프스 이북의 다른 유럽 국가에도 널리 르네상스적 사회 현상이 전파되었다.

르네상스 시대에는 중세시대의 노출이 없고 불편한 의상과 헤어 스타일 대신 보다 자유롭고 편안한 의상과 헤어 네트 및 진주가 박힌 상류층의 네트 등이 나타났다.

그림 1-4 르네상스 시대 조각상

● 근세 절대 왕정 시대(16세기 ~ 18세기)

프랑스 부르봉 왕가와 영국의 엘리자베스 여왕 등의 강력한 왕권 수립이 가능해지면서 절대 왕정 국가가 유럽의 각국에 성립되며 궁정 문화 및 귀족 문화가 형성되어 유럽 국가에 많은 영향을 미쳤다.

주로 동방에서 수입된 값비싼 비단과 직물, 화려한 가발 및 장신구, 하얗고 강렬한 화장, 연회와 파티, 화려한 궁전 등이 이 시대의 특징으로 표현된다.

그림 1-5 엘리자베스 여왕(위) 마담 퐁파두르 초상화(좌), 마리 앙뜨와네트 초상(우)

염색과 가발이 남녀 모두 필수적으로 애용되고 모자와 장신구, 하이힐 등이 사용되고 체취를 감추고 향긋한 향취를 부여하기 위한 향수가 유행 하였다.

사치스런 왕족과 귀족의 아름다움을 위해 향료, 화장품 제조 및 미용사가 매우 많이 필요하였고 전문 직종으로 부상 할 수 있는 계기가 되었다.

특히 루이 15세의 애인인 마담 퐁파두르는 아름다운 초상과 지적인 계몽사상과의 교류를 통해 프랑스 중정 문화를 유럽적 유행으로 증폭 시켰고 1789년 프랑스 대혁명으로 절대 왕정이 프랑스에서 붕괴되기 전까지 사치와 향락은 계속 발전 하였다.

● 근대(1786~1899)

프랑스 대혁명 이후 산업 혁명을 통한 근대 시민 계급이 부르주아 계급으로 성장하여 귀족을 대체한 주도 세력으로 발전하여 자본주의적 방향으로 발전한 시대이다. 나폴레옹 시대, 왕정복고 시대, 나폴레옹 3세 시대를 거쳐 다양한 역사적 부침에 따라 급격한 문화적 변화가 나타났고 1870년 대 이후 보불 전쟁, 이탈리아의 통일국가 및 프로이센의 통일 국가의 성립으로 오늘날과 같은 민족 국가 단위의 국가가 성립되었다.

근대는 제국주의의 팽창으로 식민지의 원자재와 시장의 확보로 서구 국가들이 부유하게 되어 급격한 부르주아 계급이 증대되고 자본 축적이 진행 되었으나 노동자와 도시 빈민, 식민지 국가 국민들은 수탈과 가난, 탄압의 역사에서 신음하던 때이기도 하다.

근대에는 드레스의 치마 폭이 몹시 넓은 크리놀린 스타일부터 엉덩이를 강조한 버슬 스타일 등이 유행 하였고, 프랑스의 겔랑이 근대적 화장품 회사 및 향수 회사로 출범하고 독일의 슈바츠코프사가 최초의 파우더 샴푸를 제조하여 현대적 화장품 산업의 기원을 마련한 시대이다.

● 현대(1900~)

20세기에는 제 1차 세계대전과 제 2차 세계 대전을 통해 여성의 참정권의 인정과 사회 참여 및 경제 활동의 욕구가 커진 시대이며 교육 및 의학, 교류의 증가로 지리적 편차를 극복하는 과학 기술의 시대이기도 하다.

영화와 TV 등의 발달로 왕족과 귀족을 대체해 연예인이 유행의 선두주자가 되었고 미니 스커트, 판탈롱 팬츠 ,히피 패션, 숏 커트 등의 스타일의 변신과 다양한 화장품의 제조 및 세분화가 발생 하였고, 미를 위한 산업이 화장품 산업, 피부미용 산업, 헤어미용 산업, 메이크업 산업, 네일아트 산업 등으로 분화되고 전문화되는 시기를 맞았다.

2. 한국에서의 화장품

우리나라에서는 고대 단군 신화에서 보여지는 곰과 호랑이가 동굴에서 '쑥과 마늘 이야기'를 통해서 미의식의 근원을 살펴볼 수 있다. 곰은 피부가 하얗고 아름다운 여성으로 화하였으나 호랑이는 실패한 이야기를 통해 알 수 있듯이 우리 선소들은 미백을 아름다움의 제일의 요소로 꼽았다고 추측할 수 있다.

이러한 미의식에서 기원하여 고구려 고분 벽화에서는 일산을 드는 시종을 통해 그 당시 귀족들이 햇빛을 멀리하고 하얀 피부를 염원한 미의식을 유추해 볼 수 있다.

고구려 고분 벽화에서 나타나는 미용 문화는 연지를 찍어 화장을 하였고 피부를 하얗게 분칠 한 것을 볼 수 있다. 통일신라 이후에는 다양한 머리 장신구와 보석을 통한 스타일 연출에 노력을 기울였다. 고려 시대에는 대외 교류와 벽란도의 발전으로 다양한 문화가 유입되어 자유로운 문화 전통을 보여주었고 원나라의 간섭으로 인한 몽고의 풍속과 의복이 유입되어 화려한 가채 및 가발, 장신구 등이 유행 하였다.

이후 조선의 개국 후 성리학의 영향과 사치를 금하는 왕명으로 여성들의 의복과 장신구, 미용법 등은 소담해져 기녀를 제외하고는 피부를 곱게 하고 화장을 하는 행위가 줄어들었다.

우리나라 미인 중 최고로 치는 신윤복의 '미인도'도 화장과 복색으로 인해 어린 기녀로 추정되며 엷은 눈썹과 붉은 입술, 풍성한 가채가 조선후기의 미의식을 그대로 보여주고 있다.

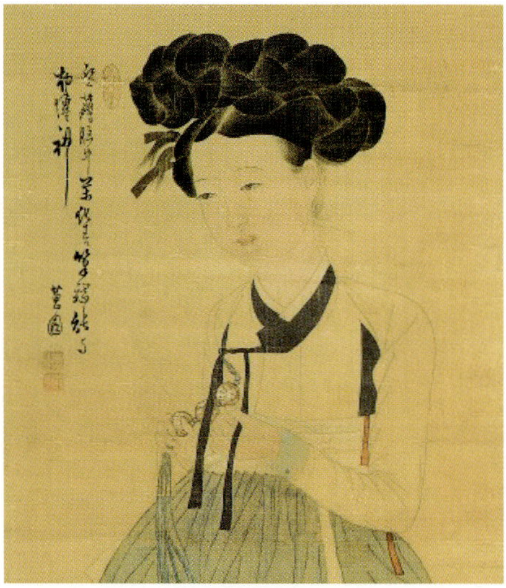

그림 1-6 신윤복의 미인도

영조 이후 가채 금지로 쪽진 머리가 여성들의 주된 헤어스타일로 정착되고 개항과 일제 강점기를 거치며 서구의 화장품과 일본의 화장품이 유입되어 인기를 끌었다. 6.25 전쟁 후 미국 문화의 전파를 통해 미국산 화장품이 인기를 끌며 수입산 화장품에 대한 선호를 불러 왔고, 80년대 수입자율화 이후 프랑스 및 유럽산 화장품의 인기를 거쳐 현재에는 글로벌 화장품 브랜드 및 국산 화장품 등도 함께 경쟁하는 산업적 경쟁력을 갖추며 기능성 화장품과 한방 화장품으로 아시아적 인기를 구가하고 있다.

II. 화장품과 피부생리기전

2-1 피부의 구조와 기능

1. 피부의 정의

피부는 인체의 최외각에 위치하며 인체 내부와 외부를 구분하는 경계면의 역할을 담당하며 신체 표면을 덮고 있는 기관으로 외부의 물리적, 화학적, 생물학적, 광학적 자극으로부터 우리 몸을 보호하는 작용을 담당한다.

이러한 피부는 외부로부터의 다양한 자극으로부터 인체를 보호하는 기능 외에도 신경을 통해 다양한 정보를 통해 인체에 전달하는 역할을 한다.

이외에도 재생작용과 분비와 흡수 작용, 대사, 호흡작용 등의 다양한 생리적 신진대사기능을 수행하며 우리 몸의 항상성 유지에 기여한다.

피부는 해부학적, 생리학적 기능에 따라 표피(epidermis), 진피(dermis), 피하지방층(subcutaneous fat)으로 분류하며, 피부 부속기로는 한선(sweat gland), 피지선(sebaceous gland), 모발(hair) 및 손톱, 발톱 등이 있다.

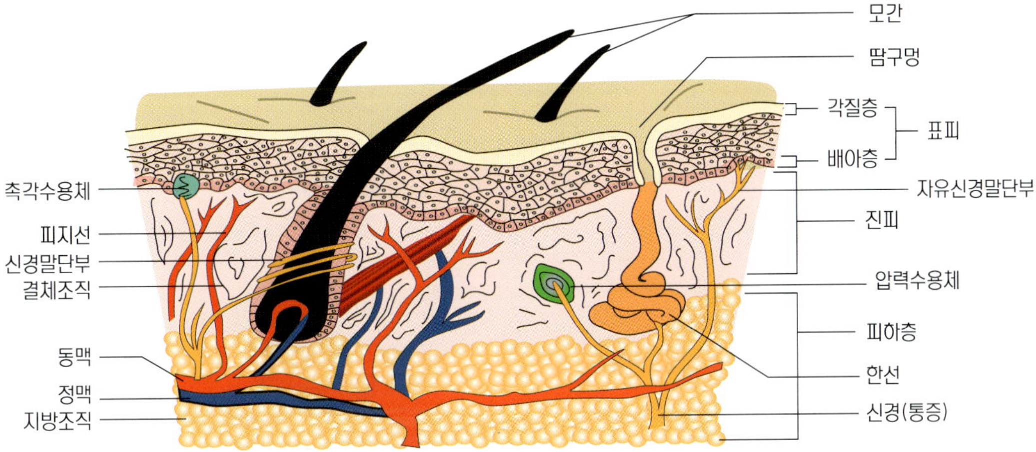

그림 2-1 피부의 단면

2. 피부의 구조

● 표피

표피의 신진대사는 진피층과 접해있는 기저층의 각질형성세포가 분화하여 유극층, 과립층, 투명층, 각질층을 거쳐 신체 밖으로 노화각질이 박리되면서 일어난다.

표피는 외배엽에서 유래하며 크게 말피기층(malpighian layer)이라 불리는 살아있는 세포로 구성된 내측 부분과 무핵의 편평하고 건조한 죽은 세포들로 이루어진 각질층인 외측부분으로 이루어져 있다. 피부의 두께는 얼굴 부분이 0.03~1mm, 손, 발바닥이 0.16~0.8mm이고, 가장 얇은 눈꺼풀은 0.1mm정도이다.

표피는 주로 중층 편평 각화 상피(stratified squamous cornifying epithelium)로

각질형성세포(keratinocyte)가 80% 정도를 차지하고 멜라닌 세포(melanocyte)가 5~10%, 랑겔한스 세포(Langerhans cell)가 2~8%를 구성하며 그 외 머켈 세포(Merkel cell)가 존재한다.

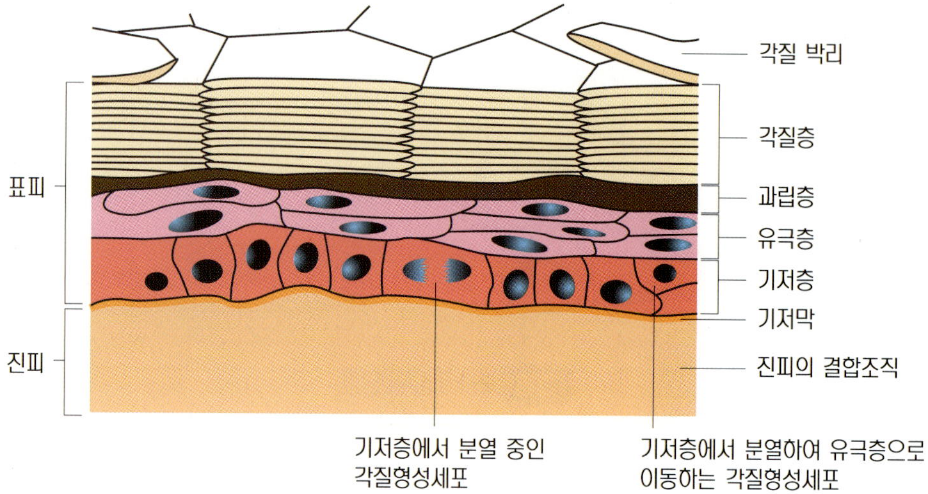

그림 2-2 표피의 구조

◆ 각질형성 세포(Keratinocyte)

각질형성세포는 표피를 이루는 가장 대표적인 세포로 표피의 바깥 부분에서부터 각질층, 과립층, 유극층 및 기저층의 4개 층으로 이루어져 있으며, 손,발바닥 부위와 같이 두툼하고 자극을 많이 받는 부위에는 각질층과 과립층 사이에 투명층이 존재한다.

각질형성 세포의 10%는 줄기세포(stem cell)로 분류할 수 있으며 기저층의 각질형성세포 중 5~10%는 줄기세포에서 유래하여 분화단계에 접어든 세포이다. 기저층의 세포가 최외측의 각질층에 이동할 때까지 약 14일이 걸리며 각질층에서 인체 밖으로 탈락되기까지 약 14일이 걸려 표피세포는 28일의 각화주기를 갖는다.

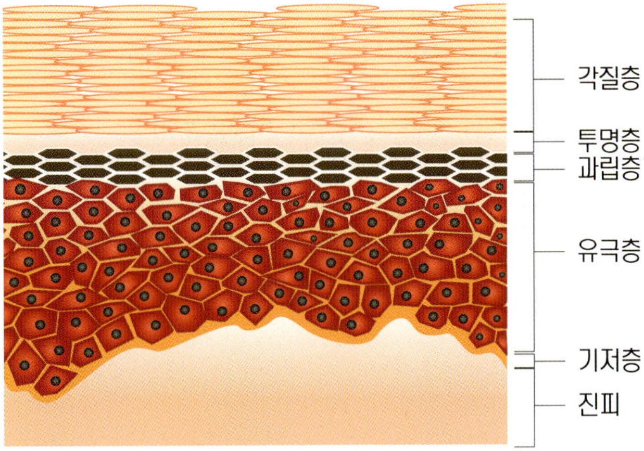

그림 2-3 표피 단면

표피에는 매일 수 백만 개의 새로운 세포들이 형성되고 있으며, 이들은 한 장소에 머무르지 않고 표피의 가장 바깥쪽으로 계속해서 밀려나간다. 이때 밀려 올라오는 동안에 이 세포들은 점점 딱딱한 각질로 바뀌어 각질층이 된다.

표피의 세포는 기저층에서 처음 만들어지며 점차 피부 표면으로 밀려나오면서 모양과 기능이 변하게 된다.

표피는 각화됨에 따라 기저층 · 유극층 · 과립층 · 각질층으로 모양이 변하게 되며, 이들 세포들은 모두 각질을 형성하는 과정에서 만들어진 세포이므로 각질형성세포(keratinocyte)라고 부른다.

각질형성세포에서의 분화 과정은 ① 기저세포의 분열과정 → ② 유극세포에서의 합성, 정비과정 → ③ 과립세포에서의 자기분해 과정 → ④ 각질세포에서의 재구축 과정의 4단계에 걸쳐서 일어나며 분화의 마지막 단계로 각질층이 형성된다. 이와 같은 과정을 각화(keratinization)과정이라 한다.

각질형성세포의 수명은 약28일이며, 부위에 따라 조금씩 다르나 매일 수 백만개

씩 떨어져 나가고 아래의 층으로부터 수 백만개의 새로운 세포가 생성되어 올라오게 된다.

인체의 피부 표면에서는 노화된 각질세포가 계속 떨어져 나가고 있으며 노화된 피부에서는 각질층이 떨어지는데 더 많은 시간이 걸리므로 각질층이 두꺼워지게 된다. 따라서 각질형성세포의 기능 저하는 죽은 세포가 더욱 늘어나게 하며 잔주름과 피부 거칠어짐의 원인이 된다.

■ 각질층(Stratum corneum)

각질층은 편평한 모양의 각화세포가 여러층을 이루며 신체의 가장 외측에서 수분 증발을 막고 외부 환경으로부터 인체를 보호하는 보호 기능을 담당한다.
각질형성세포 중 가장 바깥쪽의 단단하고 건조한 얇은 껍질인 각질을 형성하고 있는 부분으로 각질층의 두께는 신체부위와 성별, 나이, 질병 등에 따라 달라진다. 보통의 피부는 15~25개의 층으로 구성되어 있고 손,발바닥은 이보다 훨씬 많은 층으로 구성되어 있다.
각질층이란 단백질이 딱딱하게 변한 케라틴으로 이루어져 있다는 뜻에서 붙여진 이름이다. 각질층의 모양의 피부의 표면에 가까울수록 납작하고 길쭉한 모양을 하게 된다.
주성분으로는 케라틴 단백질(58%), 지질(11%), 천연보습인자(natural moisturizing factor : NMF, 38%)를 함유하고 있다.

■ 투명층(Staratum lucidum)

빛이 통과할 수 있는 작고도 투명한 세포로 구성되어 있다. 주로 투명층은 손바닥, 발바닥에 존재하며 2~3층의 편평한 세포로 되어 있으며 과립층에서 각질층으로 옮아가는 중간층으로 볼 수 있다.
투명층에는 엘라이딘(elaidin)이라는 반유동성 물질이 함유되어 있어 투명하게 보이며 물을 싫어하는 성질을 나타낸다. 오랫동안 목욕탕에 있다가 나오는 경우 손바닥과 발바닥이 쭈글쭈글해지는 것을 볼 수 있는데, 이것은 각질층에는 수분이 스며들어 팽창하는데 비해 투명층에는 수분이 흡수되지 않아 팽창이 거의 되지 않으므로 결과적으로 손바닥과 발바닥이 쭈글쭈글해 지는 것이다.

■ 과립층(Stratum granulosum)

과립층은 2~5층의 방추형 세포로 이루어져 작은 과립모양으로 보이며 이러한 과립층의 세포는 피부표면과 평행하게 배열되어 있다.
과립층은 이물질 특히 물의 침투에 대한 방어막 역할과 더불어 피부 내부로부터의 수분 증발을 억제해 장벽 기능을 수행한다.
케라틴 단백질이 뭉쳐 어두운 색상으로 보이는데, 이와 같이 케라틴 단백질이 뭉쳐진 것을 케라토히알린(keratohyalin)이라 부른다. 케라토히알린 과립은 과립층에서 보이는 독특한 과립으로 주로 황을 많이 함유한 단백질로 이루어져 있다.

■ 유극층(Stratum spinosum)

표피의 대부분을 차지하는 층으로 세포의 표면에는 가시모양의 돌기가 있어 인접세포와 다리모양으로 연결되어 있다. 유극층은 5~10층으로 되어 있으있으며 다각형의 세포로 구성되며 교소체가 풍부하게 존재해 이것이 가시모양으로 보여 유극층이라 부른다.
유극층은 기저층처럼 세포분열이 활발하지는 않지만 표피를 다칠 경우 피부 손상을 복구할 수 있다. 표피에서 유극층과 기저층은 살아 있는 세포들로 구성되어 있으며, 이들 세포층을 특히 말피기층(stratum Malpighi)이라 부른다. 말피기층은 각화과정의 시작과 진행에 큰 역할을 하고 있다. 이러한 유극층에는 피부의 면역 기능을 담당하는 랑게르한스 세포(Langerhans cell)가 존재할 뿐만 아니라 세포 사이에는 림프액이 흐르고 있어 혈액순환이나 세포 간의 물질교류를 용이하게 한다.

■ 기저층(Staratum basale)

표피 중 가장 깊은 곳에 위치하고 있는 기저층은 단층으로 진피와 접하고 있으며 서로 물결 모양의 경계를 이루고 있다.
기저층의 기저세포는 살아 있는 세포로서 활발한 세포분열을 통하여 신세포를 생성하며 멜라닌세포와 함께 존재한다. 기저세포와 멜라닌세포는 4:1 또는 10:1의 비율로 존재하며 각질세섬유(keratin fibrils)가 생성되고 세포분열에 의해 새로운 층으로 이동한다. 기저층의 세포분열은 밤에 잠을 자는 동안에 가장 활발하므로 밤 동안의 충분한 휴식이 아주 중요하다.
기저층에는 멜라닌색소를 생산하는 멜라닌세포가 있어 피부의 색상을 결정해 준다. 피부의 색은 멜라닌 세포에서 만들어진 멜라닌의 양에 따라 결정되며 멜라닌의 양이 적으면 흰 피부가 되고, 멜라닌의 양이 많으면 흑갈색의 피부가 된다.

● 멜라닌 세포(Melanocyte)

멜라닌 세포는 표피에 존재하는 세포의 약 5%를 차지하고 있으며 대부분 기저층에 위치하고 있다. 멜라닌 세포에서 만들어진 멜라닌은 세포돌기를 통하여 각질형성세포로 전달된다. 멜라닌 세포는 긴 수지상 돌기를 가진 가늘고 길쭉한 형태를 하고 있으며, 주위의 각질형성세포 사이로 뻗어 있다. 각질형성세포로 전달된 멜라닌은 표피의 기저층 위 부분으로 확산되어 자외선에 의해 기저층의 세포가 손상되는 것을 막아준다. 즉, 멜라닌은 자외선을 흡수 또는 산란시켜 자외선으로부터 피부가 손상을 입는 것을 방지하는데 큰 역할을 한다.

멜라닌이 함유된 각질형성세포는 점점 각질층으로 이동되며 최종적으로 각질층에서 탈락되어 떨어져 나간다. 기저층에 있는 멜라닌의 색상은 황갈색, 갈색, 흑갈색이나 피부표면에 가까워지게 되면 산화되어서 점점 검게 된다.

멜라닌 세포의 수는 인종과 피부색에 관계 없이 일정하며, 피부색을 결정하는 것은 이 세포가 계속적으로 생산하는 멜라닌 양에 의해 결정된다.

● 랑게르한스 세포(Langerhans cell)

랑게르한스 세포는 방추형의 세포돌기를 가진 것으로 유극층에 대부분 존재하며, 주로 피부의 면역에 관계한다. 즉, 이들 세포는 외부에서 들어온 이물질인 항원을 면역 담당세포인 림프구로 전달해 주는 역할을 한다. 랑게르한스 세포는 진피, 림프절, 흉선에서도 발견되는데, 이들 역시 외부의 항원을 면역 담당세포로 전달하는 표피에서와 유사한 기능을 한다.

● 머켈 세포(Mekel cell)

머켈 세포는 기저층에 위치하고 있으며 피부에서 촉각을 감지하는 역할을 하는 것으로 알려져 있다. 머켈 세포는 인체 피부에서 손바닥, 발바닥, 입술 등의 털이 없는 부위 뿐만이 아니라 모낭의 외근초에서도 발견되며 신경섬유의 말단과 연결되어 있다. 즉, 신경세포와 연결되어 촉각을 감지하는 세포로 작용하기 때문에 촉각세포라고도 한다.

● 진피(Dermis)

진피는 표피와 피하지방층 사이에 위치하며 피부의 90%이상을 차지하며 표피두께의 10~40배 정도로 실적적인 피부이다.

진피는 탄성을 갖는 탄력적인 조직으로 무정형의 기질(ground substance)과 교원섬유나 신경계, 림프계 등이 복잡하게 얽혀 있는 형태를 띠며 표피에 영양분을 공급하여 표피를 지지하고 피부의 다른 조직들을 유지하고 보호해 주는 역할을 하고 있다.

진피층은 경계가 확실하지 않으나 두 층으로 구분할 수 있다. 즉, 진피의 위 부분에 위치한 유두진피(papillary dermis)와 망상 진피(reticular dermis)로 나눌 수 있다.

그림 2-4 진피의 단면

● 유두 진피(Papillary dermis)

표피와 진피의 사이는 수평의 경계면이 아니라 진피가 표피쪽으로 둥글게 돌출되어 있는데 이 돌출물을 유두라고 하며, 이 부분이 유두 진피이다. 유두 진피는 미세한 교원질(collagen)과 섬유 사이의 빈 공간으로 이루어져 있으며 세포성분과 기질 성분이 많다.

표피-진피간 결합부분 혹은 기저막대라고도 불리는 유두 진피에는 얇은 교원섬유가 드문드문 성글게 배열되어 있는 느슨한 결합조직의 형태를 가지며 이러한 표피와 진피의 경계가 물결모양의 파형으로 인하여 피부가 옆으로 잡아 당겨질 때, 신축성을 보여 피부 모양을 유지함으로써 피부의 팽창과 탄력에 관여한다.

또한 유두 진피에는 표피 가까이로 모세혈관, 신경종말이 풍부하게 분포되어 있는데 이는 혈관분포가 없는 표피로 영양소와 산소들이 이동시키거나 신경을 전달하는 역할을 한다.

표피와 진피와의 경계인 물결 모양의 파형은 노화에 따라 사라져 점점 편평해지게 되는데 이로 인하여 피부 노화의 정도를 조직학적으로 살펴 볼 수 있다.

● 망상 진피(reticular dermis)

망상진피는 굵고 응집된 형태의 교원섬유와 소규모의 섬유 사이의 공간으로 이루어져 있으며 피부표면과 평행하게 존재하는 교원섬유의 그물망 사이에 탄력섬유가 연결되어 있다.

피부의 탄력성은 진피를 이루는 섬유질의 탄력상태에 따르며, 이 탄력성 때문에 건강한 피부를 당긴 후 놓으면 순간적으로 원래 상태로 되돌아 간다. 임산부와 비만인 사람과 같이 체중이 늘어나는 경우에도 피부가 처지지 않는 것은 망상 진피에 함유된 섬유질 때문이다.

망상 진피의 섬유질은 일정한 방향성을 가지고 배열되어 있는데, 그 방향은 신체의 부위에 따라 달라진다. 따라서 피부에 송곳으로 구멍을 뚫는다고 가정하면 둥글게 구멍이 뚫리지 않고 일정한 방향으로 길게 선상으로 갈라지게 된다.

이 선상으로 갈라진 선을 피부 할선이라 한다. 또 처음 발견한 오스트리아의 해부학자인 칼 랑거의 이름을 따서 랑거선이라고도 부른다. 수술 등에서 피부를 절개할 때에 이 랑거선을 따라서 메스를 넣으면 상처의 흔적이 작게 남으므로 수술 시 중요하다.

이외에도 망상 진피에는 혈관, 림프관, 신경총, 땀샘 등이 복잡하게 분포되어 있다.

● 진피의 구성

진피에 존재하는 세포는 결합 조직 내에 널리 분포된 섬유아세포(fibroblast)가 주종을 이루는데, 이들 섬유아세포는 교원섬유와 탄력섬유 그리고 기질을 만드는 역할을 한다. 진피에는 섬유아세포 외에 대식세포(macrophage), 비만세포(mast cell)가 존재하며 표피와 섬유아세포의 성장을 자극하는 표피성장인자(epidermal growth factor: EGF)라 불리는 호르몬이 있어 세포성장을 촉진시킨다.

비만세포(mast cell)는 진피의 유두내의 모세혈관 가까이에 위치하고 있으며 염증 매개 물질을 생성하거나 분비하는 작용을 한다. 비만세포에는 과립을 함유하고 있으며 이 과립들은 혈관 투과성 인자인 히스타민(histamine)이나 단백질 분해효소 등을 저장하고 있다.

건강한 진피 층에는 교원섬유(콜라겐)와 탄력섬유(엘라스틴)가 규칙적으로 배열되어 있고 섬유 사이에 히알루론산 등 무코다당류가 채워져 있어 피부에 탄력성과 유연성을 준다.

그림 2-5 진피층의 세포 배열

■ 교원 섬유(Collagen fiber)

교원질(collagen)은 진피 성분의 90%를 차지하고 있는 단백질로서 피부에 장력을 제공해 주며 지방을 제외한 피부 전체 건조 중량의 77%가 된다. 교원질 분자는 섬유아 세포에서 만들어지며 교원섬유와 탄력섬유가 그물 모양으로 서로 짜여져 있어 피부에 탄력성과 신축성을 부여한다.

■ 탄력 섬유(Elastic fiber)

진피에 분포되어 있는 섬유질로서 교원섬유와 같이 섬유아 세포에서 만들어지며 진피에 있는 섬유 성분 가운데에는 비교적 적은 부분을 차지하고 있다. 탄력성(elasticity)이 있어서 변형된 피부가 마치 스프링과 같이 원래의 모습으로 되돌아오도록 하는 기능을 갖는다.

■ 기질(Ground substance)

진피의 결합섬유 사이를 채우고 있는 물질을 기질이라 부르는데, 이는 대부분 히아루론산(hyaluronic acid)과 콘드로이친 황산(chondroitin sulfate)등의 글리코사미노글리칸(glycosaminoglycans)들로 이루어져 있다. 이들은 친수성 다당체로 물에 녹아 끈적 끈적한 액체 상태로 존재하기 때문에 점액성이라는 무코(muco)라는 접두어를 붙여 무코-다당체(muco-polysaccharide)라고도 한다.

이들은 진피의 건조 중량으로 따져 겨우 0.1~0.2%를 차지하고 있지만 자기 몸무게의 수백배에 해당하는 다량의 수분을 보유할 수 있는 성질이 있다. 이 진피가 보유한 수분은 일반적인 물과 달리 강하게 결합되어 쉽게 마른다든가 얼지 않는 특별한 성질을 나타낸다. 보통의 물을 자유수(free water)라 부르며 이와 같이 특별히 생체 내에서 강하게 결합된 분자를 결합수(bound water)라 부른다. 또한 생체내의 이런 물분자는 수분이 부족하기 쉬운 다른 조직에 수분을 공급해 줄 수 있는 저수지와 같은 기능을 한다.

3. 피하지방조직(Subcutaneous Fat)

피하지방층은 신체의 체온을 조절하며 영양소를 저장하고 피부의 운동성을 향상시키는 역할을 한다.이와 더불어 신체의 윤곽을 결정하는 실루엣을 연출하고 피부의 탄력을 높여주는 기능도 한다.

피하지방층은 진피에서 내려온 섬유가 엉성하게 결합되어 그 사이사이에 많은 수의 지방세포들이 가득 채우고 있으며 이러한 지방세포들은 피하지방을 생산하여 몸을 따뜻하게 보호하고 수분을 조절하는 기능과 함께 탄력성을 유지하여 외부의 충격으로부터 몸을 보호하는 기능을 한다.

피하지방층은 진피 보다 훨씬 두꺼운 층을 이루고 있으나, 눈꺼풀, 귀 등에는 덜 발달되어 있다. 이 피하지방층의 두께에 따라 비만의 정도가 결정되며, 피하지방층의 분포 및 두께는 신체의 영양상태, 부위, 성별 및 연령에 따라 매우 다양하다.

4. 피부의 부속기관

● 한선

한선은 땀샘이라고도 부르며 진피 심층에 작은 다발을 이루며 분포한다. 한선은 기능과 크기에 따라 에크린선(소한선)과 아포크린선(대한선)으로 분류한다.

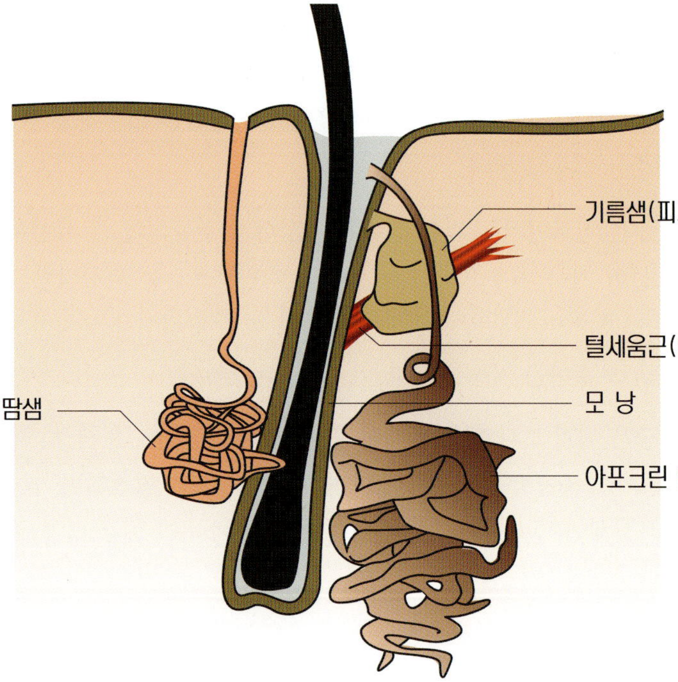

그림 2-6 피부 부속기관

■ 에크린선(소한선)

에크린선은 소한선으로 일반적인 땀샘을 말한다. 성인의 피부에는 약 200~400만개의 에크린선이 있으며 점막과 피부의 경계, 음부, 손발톱을 제외한 전신에 존재하며 특히, 손바닥, 발바닥, 이마, 겨드랑이에 많이 분포한다.

에크린선은 주기능은 체온조절이다. 체온이 상승하거나 고온에 노출되는 경우 땀을 분비하여 체온조절을 하며, 이러한 땀의 조절은 땀샘에 연결된 신경에 의해 조절된다. 이외에도 음식물이나 정신적 스트레스에 의해서도 땀이 분비된다.

땀의 99%가 수분이며 약간의 염분과 미네랄, 요소, 단백질, 아미노산 성분을 함유한다.

일반적으로 에크린선에서 분비된 땀은 무색무취이며 pH 4.0~5.6이다. 땀분비가 지나치게 많을 때를 다한증이라 부르며 정서적 긴장이나 온도, 질병 등에 의해 발생한다.

- **아포크린선(대한선)**

아포크린선은 에크린선과 달리 겨드랑이, 유두, 성기주변, 유두주변과 같이 특정한 피부부분에만 분포한다.
아포크린선은 에크린선보다 더 크고 피부 표면이 아닌 모낭으로 내용물을 분비한다.
동물의 경우에는 방어나 영역 표시, 성적인 역할을 담당하나 인간의 경우에는 그 기능이 확실치 않다.
분비물의 조성을 살펴보면 중성지방, 지방산, 콜레스테롤 등의 지질과 수분, 담백질, 당질, 암모니아 등으로 구성되어 끈적거리며 우유색을 띤다. 분비 시에는 무취이나 분비 후 피부 표면의 박테리아에 의해 냄새가 발생해 독특한 냄새를 만드는 액취증을 유발한다.
사춘기 이후 생식선의 발달과 함께 특이취를 생성해 성호르몬의 영향을 받는 것으로 보인다.

피지선

피지선은 손바닥, 발바닥을 제외한 전신에 분포하며 특히 두피, 얼굴, 목, 등, 가슴에서 밀도가 높은 편이다.

피지선은 모낭과 연결되어 작은 관을 형성하고, 호르몬의 영향을 받고 피지를 분비하며 피부 표면에서 지질층을 구성한다.

피지선은 임신 4개월에 발생하여 출생 시 모체의 영향으로 발달되어 있다가 이후 쇠퇴하고 8~10세 경에 기능이 기능이 성숙된다. 이후 사춘기에 이르러 성호르몬에 의해 기능이 최고조에 달하고 폐경기 이후에 감소된다.

피지 분비량은 인종, 부위, 나이, 성별, 음식물, 시간, 온도 등의 영향을 받으며 일반적으로 하루 1~2 mg 생성된다.

피지의 기능은 피부에 윤기를 부여하고 수분증발 억제, 피부의 pH조절, 유해물질로부터 보호, 살균 작용 등이 있다. 이러한 피지선의 기능이 조화롭지 못할 때 다양한 피부질환이 유발된다.

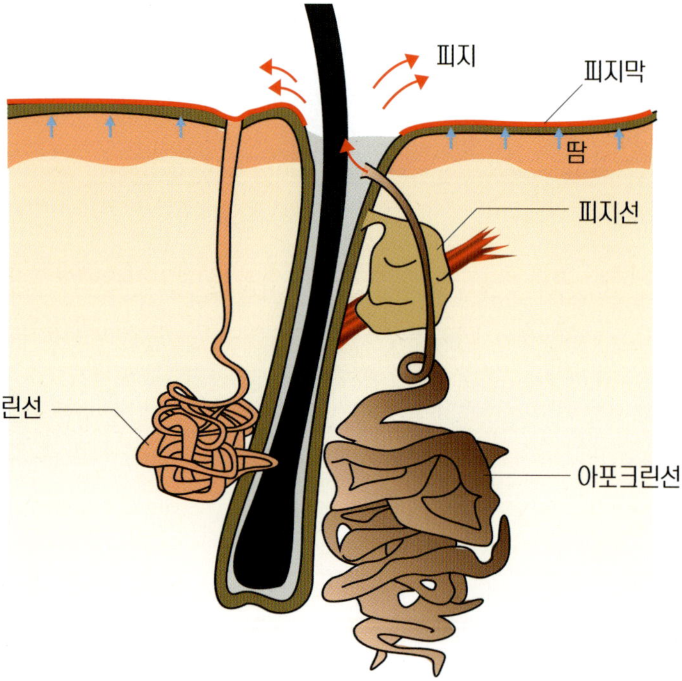

그림 **2-7** 대한선(아포크린선)과 소한선(에크린선)

● 모발

모발은 여성에게 있어서 가장 큰 성적 매력을 발산하는 역할을 하며 이러한 심미적인 기능과 함께 빛, 먼지, 땀 등의 자극인자로부터 신체를 보호하고 마찰을 감소하며 체온조절에도 많은 영향을 준다.

모발은 인종에 따라 물리적, 화학적 성질의 차이는 적으나 형태적 차이는 크게 나타난다. 형태적 차이는 황인종은 직모, 백인종은 파상모, 흑인종은 곱슬머리로 육안으로도 쉽게 구별할 수 있다.

모발의 생장은 3~10년간의 생장기가 지속된 후 약 3주간의 퇴행기를 거쳐 3개월의 휴지기를 지나면 다시 생장기로 접어드는 일정한 주기성을 갖는다.

이러한 모발의 주기성은 영양결핍, 질병, 감염, 외상, 임신과 출산, 호르몬 변화, 물리적 자극, 정신적 스트레스 등에 의해 영향을 받는다.

모발은 하루 평균 약 0.4mm 성장하며 하루에 100개가 빠져 올바른 두피 관리를 한다면 모발 건강을 지속 시킬 수 있다.

모발의 단면은 모수질, 모피질, 모소피로 구분하며, 모낭은 모낭의 기저부에서 기모근까지의 하부, 기모근에서 피지선까지의 협부와 피지선관에서 피부 표면까지의 모간으로 구분 할 수 있다. 모낭 하부는 다시 모유두, 모기질, 내측모근초, 외측 모근초로 구분한다.

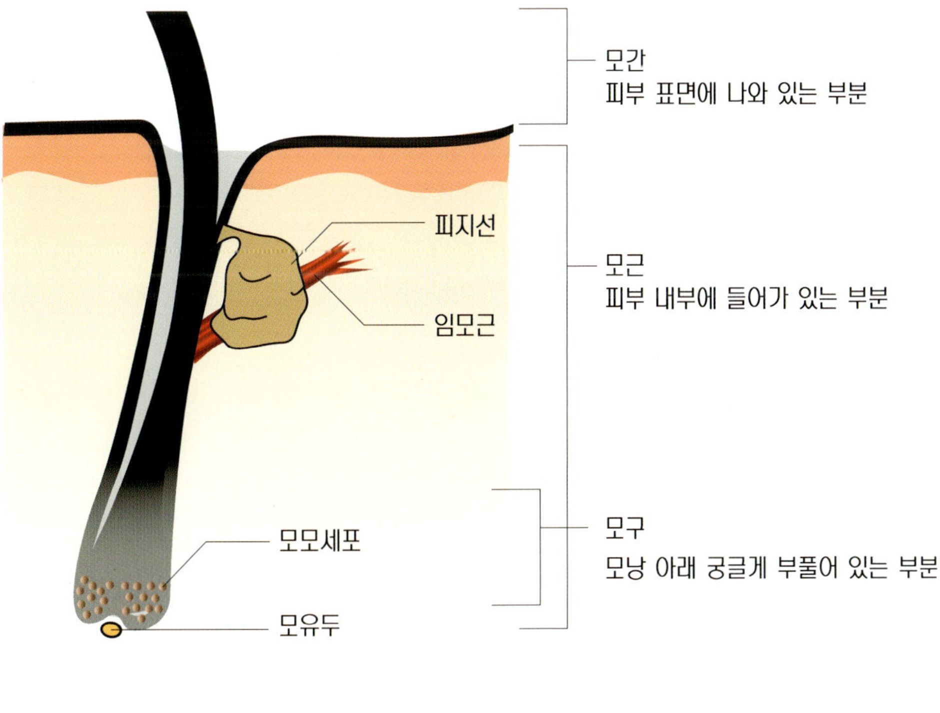

그림 2-8 모발과 모낭

5. 피부의 생리적 작용

피부는 인체의 최외측 방어선으로 외부의 여러 요인으로부터 인체 내부를 보호하는 역할을 맡고 있다.

● 보호작용

외부 환경의 물리적 자극, 화학적 자극, 생물학적 자극으로부터 신체 내부를 보호하며 장벽의 기능을 갖는다.

▪ 물리적 보호

각질층의 케라틴 성분에 의한 단단한 결합과 진피층의 탄력성이 외부의 자극이나 충격, 마찰로부터 신체 내부를 보호한다.

▪ 화학적 보호

피부 표면의 산도인 pH 4.5~6.5의 약산성막이 세균과 같은 미생물의 침입으로부터 신체 내부와 피부를 지켜준다.
또한 일시적인 자그에 의해 피부의 pH가 불균형을 이뤄 산성막이 파괴되더라도 일정한 시간이 지나면 스스로 원래의 산성도로 회복하는 복원력이 있다.

▪ 생물학적 보호

피부의 산성막을 통한 생물학적 자극원으로부터 보호도 하며, 표피의 랑겔한스 세포, 진피층의 대식세포를 통해서도 면역반응을 발휘해 피부를 보호한다.

● 재생작용

일상생활에서의 크고 작은 피부 상처가 특수한 치료를 거치지 않아도 곧 아물고 재생되는 경우를 많이 볼 수 있는 것처럼 피부는 세포 분열이 일어나 원래의 모습으로 복구가 된다.

피부과나 성형외과의 여러 미용적 시술도 이러한 재생작용이 없으면 불가능한 일이며 피부미용실에서 시행하는 박피 등도 이러한 재생작용에 바탕을 두고 있다.

● 분비작용

피부는 표면의 모공과 한선을 통해 피지와 땀을 분비하며 노폐물을 배설한다.

피지선은 남성호르몬에 의해 더욱 활발해지므로 남성이 여성보다 피지 분비량이 많다. 땀의 분비는 체온조절과 정신적 발한, 음식물에 의한 발한 등이 있으며 대체로 장년기에 이르면 감소한다.

● 체온조절작용

피부는 에크린선을 통한 땀의 분비로 체온을 조절하는 역할을 담당하고 있다. 신체에서 발산되는 열량의 70%가 피부를 통해 발산되고 나머지는 호흡을 통해 발산된다.

항온동물인 인간은 피지막과 피하지방을 통해 체열의 발산을 부가적으로 막으며 외부의 온도에 따라 피부의 표면적을 수축과 확장하며 체온을 유지하고 있다.

체온 유지에는 에크린선, 피지선, 피하지방, 모세혈관의 수축과 확장, 기모근의 활동, 신경 등에 의해 유기적으로 조절되고 있다.

● 흡수작용

피부는 신체 내부의 보호기능이 우선이나 외부와의 접촉물질을 피부세포와 피부부속기를 통해 유효성분을 흡수하기도 한다.

피부에서의 흡수는 수용성보다 지용성 물질이 흡수가 더 유리하며 물질의 종류, 크기, 피부상태, 환경 등에 의해 영향을 받는다.

● 감각작용

피부에는 인간의 오감 이외에도 다양한 감각 수용체가 존재한다. 온각, 냉각, 통각, 촉각, 압각 등의 감각 수용체는 우리 몸의 방어기능과 밀접한 관계가 있다. 이러한 감각수용체가 없다면 화상이나 동상에 걸릴 수 있고 위험한 피부 손상을 당할 수도 있다.

피부의 1㎠당 촉각점 25, 온각점 1~2, 냉각점 12, 압각점 6~8, 통점 100~200개의 비율로 분포해 있다.

이러한 감각수용체는 다양한 형태로 표피, 진피, 피하조직 및 모낭의 주위에 분포한다.

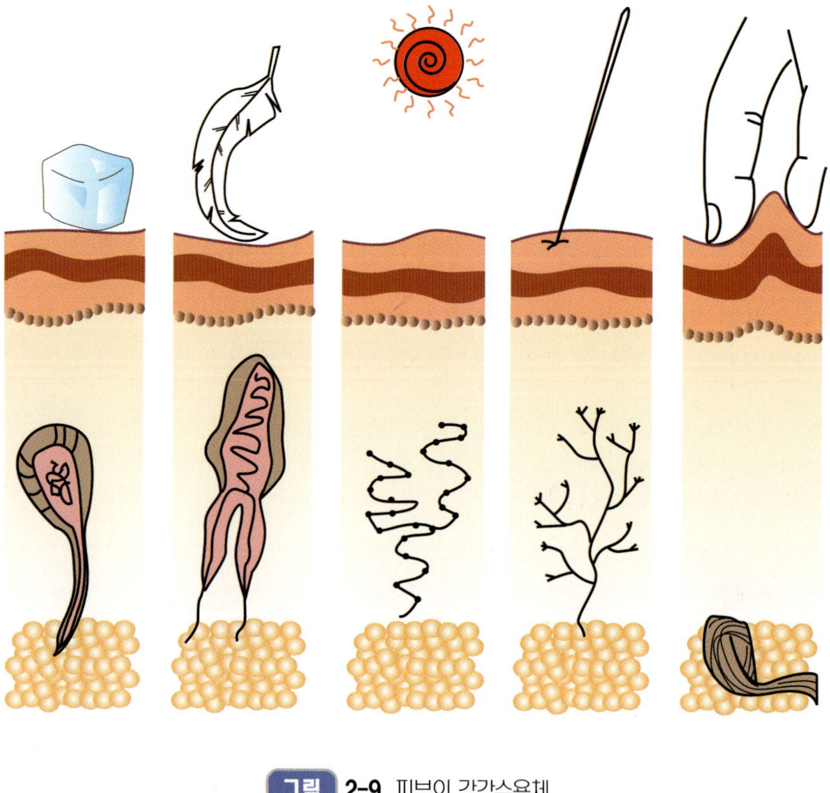

그림 2-9 피부의 감각수용체

● 비타민D 합성작용

피지 분비 성분 중의 에르고스테롤 성분이 자외선을 받으면 피부 표면에서 비타민D로 전환한다. 비타민D는 칼슘의 흡수 촉진과 인의 대사에 관여해 골의 성장과 발육을 도와주고 단단함 유지, 혈액의 칼슘 농도 및 항상성 유지 기능을 담당한다.

● 면역작용

외부의 자극 요인에 대해 항원 항체 반응을 보이는 것을 면역작용이라 하는데 피부에서는 표피의 랑겔한스세포와 진피의 대식세포가 면역작용의 주된 역할을 담당하고 있다.

외부 물질에 대한 두드러기나 아이들에게 다발하는 아토피 피부염, 주부 습진 등이 대표적인 피부의 면역 반응에 의해 나타나는 피부 질환이다.

● 호흡작용

피부표면에서는 산소의 흡입과 이산화탄소의 방출을 통한 호흡 작용이 일어난다.

표 2-1 피부 호흡에 영향을 미치는 요인

영향요인	내 용
온도	오도가 높아지면 피부 혈관을 통한 혈류량과 혈류속도가 증가하기 때문에 산소흡수 속도와 이산화탄소 방출 속도가 증가한다.(피부호흡증가)
습도	상대습도가 2~80% 일 때 이산화탄소의 방출 속도도 증가한다.
주위 대기중의 산소압의 변화	산소흡수속도는 대기중 산소 함유량이 30% 이하 일 때 산소함유량에 비례해 증가한다.
주위 대기중의 이산화탄소압의 변화	대기중 이산화탄소 함유량이 50% 일 때 이산화탄소 가스는 피부안으로 들어가며 이산화탄소 함량이 증가할수록 산소흡수 속도는 낮아진다.
연령과 성	나이가 증가할수록 피부호흡이 감소하며 여성이 남성보다 피부호흡이 높다.
신체부위	손바닥과 발바닥은 이산화탄소 방출 및 산소 흡수율이 높다.

피부 호흡은 폐를 통한 산소 호흡과 비교했을 대 상대적으로 미미하지만 피부의 건강성을 위해 직접적인 관련성이 있다. 온도가 높아지면 산소의 흡수 속도와 이산화탄소의 방출 속도가 증가하며 연령이 증가할수록 피부 호흡은 감소한다.

피부에 바르는 외용제와 화장품에 의해 피부 호흡이 감소될 수 있으며 비타민 결핍과 방부제, 항균제 등도 감소하게 한다.

● 표현작용

피부는 보호 기능과 더불어 정서적, 신체적 건강 상태를 표현하는 역할도 한다. 인간 정서의 희, 로, 애, 락과 신체 건강의 상태를 거울처럼 표현해 혈색, 윤기, 근육 등을 이용해 다양한 표정을 짓기도 한다.

III. 화장품의 제조와 성분학

3-1 화장품의 원리

1. 계면활성제

● 계면활성제

화장품의 구성과 제조에서 가장 중요한 것이 계면활성제이다. 계면활성제는 각기 다른 두 물질의 경계면을 없애고 잘 융합, 혼합시켜 주는 원료로 화장품의 역사는 계면활성제의 기술과 함께 했다고 해도 과언이 아니다.

계면활성제는 용도에 따라 가용화제, 유화제, 세정제라고도 불리며 일반적으로 물에 대한 친화성이 있는 친수기와 물에 친화성이 없는 소수기로 구분되며 소수기는 유지에 친화성을 갖는 성질로 인해 친유기라고도 한다.

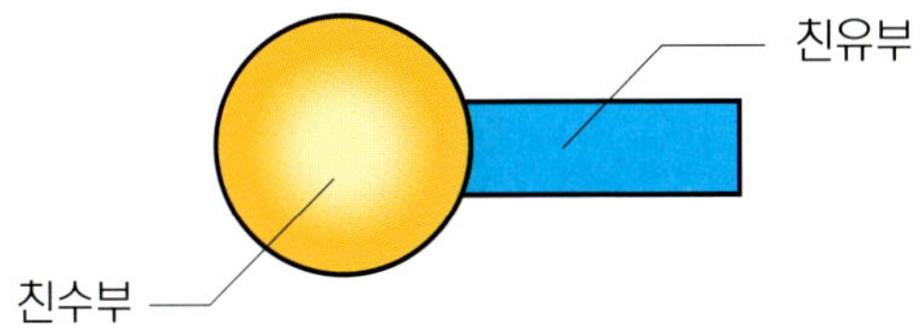

그림 3-1 친수기와 친유기

● 계면활성제의 분류

계면활성제는 친수기와 소수기(친유기)를 동시에 보유한 물질로 두 액체 사이의 표면장력을 무기력하게 하여 서로 혼합될 수 있도록 하는 물질이다.

계면활성제는 수용액에 친화성을 갖는 친수기의 이온 성질에 따라 양이온성, 음이온성, 비이온성, 양쪽이온성 계면활성제로 분류 할 수 있다.

이러한 분류에 따라 각 제품의 용도와 목적에 맞게 선택이 가능하며 다양한 제품군에 다양한 계면활성제가 활용되고 있다.

표 3-1 계면활성제의 분류

구분	특징 및 적용 품목	자극 강도
양이온성 계면활성제	양이온을 띠어 정전기 방지 및 소독, 살균 효과가 좋으며 표면에 미세막을 코팅한 효과를 주어 피부에 흡수되는 제품보다 피막을 형성하는 헤어 제품군에 주로 사용된다.(린스, 헤어 트리트먼트제 등)	1
음이온성 계면활성제	음이온성 계면 활성제는 세정 효과가 뛰어나 주로 거품이 나는 제품군에 주로 활용된다. (비누, 샴푸, 폼 클렌징, 바디 클렌저 등)	2
양쪽이온성 계면활성제	양이온과 음이온 활성을 모두 할 수 있는 계면활성제로 음이온성보다 세정 효과가 낮으나 자극이 적고 순한 품목에 사용된다. (베이비 샴푸, 아토피 샴푸 등의 약용 샴푸, 저자극 샴푸 등)	3

비이온성 계면활성제	전기적인 성질을 띠지 않는 비이온성 계면활성제로 피부 자극이 가장 적고 수용액과 친화성이 좋아 피부 생리기능 활성과 사용감, 유효감 증진에 효과적이라 대부분의 기초화장품과 바디 화장품에 사용한다.	4

피부에 미치는 자극의 정도는 양이온성이 가장 높고 다음이 음이온성, 양쪽이온성, 비이온성 순이다.

계면활성제는 세정, 가용화, 유화, 분산 등의 사용 목적에 따라 세정제, 가용화제, 유화제, 분산제 등의 용어로 세분화하여 분류하기도 하지만 기본적인 계면활성제의 특징은 모두 동일하다.

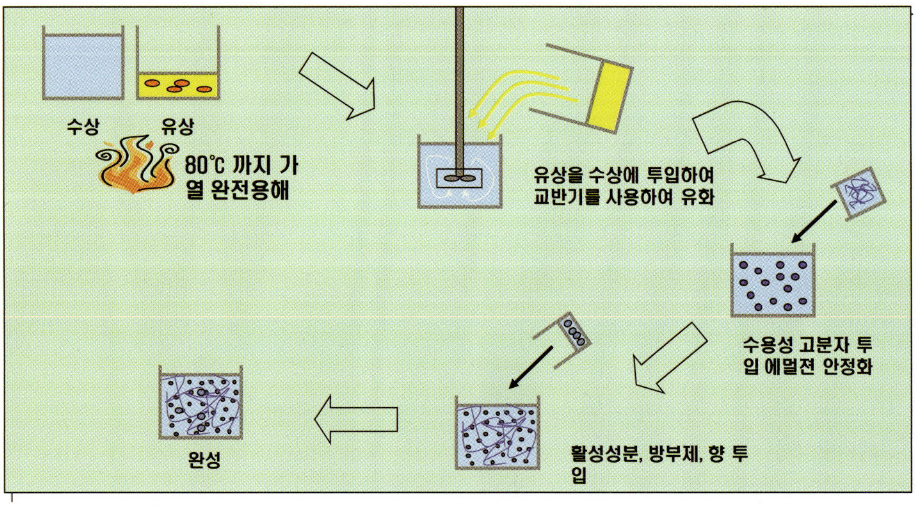

그림 3-2 화장품 제조 과정

2. 기초화장품의 원리

계면활성제를 이용한 화장품 제조 원리에 사용되는 핵심 기술은 가용화, 유화, 분산이 있다.

가용화와 유화는 액체 대 액체를 균일하게 혼합하는 기술이며, 분산은 액체 대 고형입자의 균일한 혼합이라는 차이점이 있다.

가용화, 유화, 분산은 화장품 기술의 삼두마차이며, 이러한 기술의 조합으로 시중에서 볼 수 있는 수천, 수만의 다영한 화장품이 우리 생활에 존재할 수 있다.

● 가용화 (Solubilization)

계면활성제를 이용한 기초 화장품의 제조 원리 중 가용화는 수성 위주의 수용액에 물과 친화성이 없는 유성 성분이 계면활성제에 의해 미세한 미셀을 형성해 투명하게 용해된 것을 말한다.

대부분이 수용액이고 물에 용해되지 않는 성분이 소량일 때 계면활성제에 의해 미세한 미셀을 형성하게 되며. 이때 미셀 안에는 물에 용해되지 않는 성분들이 미세하게 포집되어 수용액에 골고루 분포되게 된다. 이 미셀의 크기가 매우 작아 가시광선이 그대로 통과되어 우리 눈에 투명한 액상으로 보이는 기술이 가용화이다.

가용화는 쉽게 표현하면 수용액에 소량의 오일을 투명하게 용해시킨 것으로 시간이 지나면서 안정성이 저해되어 온도 변화에 따른 향취 변화나 투명한 성상이 현탁되는 현상이 나타날 수도 있으므로 유의한다.

가용화는 미셀의 크기가 가시광선의 파장대인 400~800 nm 보다 작아야 하며, 친수성이 강한 계면활성제가 임계점을 넘어 미셀을 형성해야만 생성된다.

일반적으로 가용화에 사용되는 친수성 계면활성제는 임계점이 높은 편인 HLB 15~18 사이의 성분을 많이 쓰며 피부 자극이 적은 비이온성 계면활성제나 음이온성 계면활성제 종류를 많이 사용한다.

가용화로 제조한 화장품은 수용성 원료 함량이 월등히 높아 촉촉하고 시원한 청량감을 주며 주로 피부에 바르는 단계가 유화 타입의 제품보다 우선인 경우가 많다.

대표적인 가용화 제품군에는 화장수, 앰플, 에센스, 향수, 두피 토닉 등이 있다.

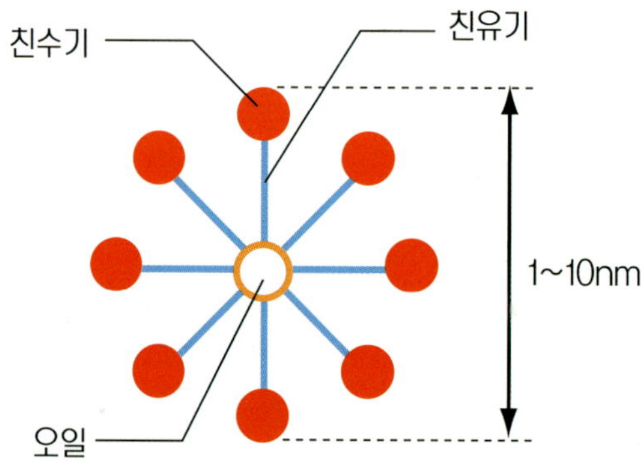

그림 3-3 - 미셀의 크기와 입자 모형도

유화 (emulsion)

화장품의 제조 원리 중 가장 많이 활용되고 사용되는 것이 유화(emulsion)이다.

유화(emulsion)는 화장품 제조의 꽃이며 핵심 기술로 계면활성제의 역사로 발전해 온 화장품 산업에서 화장품의 역사는 곧 유화의 역사라 할수 있다.

유화(emulsion)는 성질이 상이해 혼합하지 않는 두 물질을 미세하고 균일하게 혼합한 형태이다. 가용화에 비해 훨씬 많은 양의 유성성분을 수용액에 균일하게 혼합하여 유지하는 기술로 계면활성제에 의해 생성되는 유화입자가 가용화의 미셀보다 훨씬 커지므로 가시광선을 통과시키지 못하고 반사하여 유화 품목은 하얀색을 띈다.

우리가 시중에서 볼 수 있는 하얀색의 유액과 크림 등은 모두 유화기술을 이용해 만든 화장품으로 대부분의 유화제품이 색소가 없이도 하얀색을 띄는 이유이기도 하다.

이렇게 생성된 유화 입자는 가용화의 미셀에 비해 수백에서 수천배 크며, 입자의 크기에 따라 마이크로에멀젼(20~100nm), 나노에멀젼(0.1~1㎛), 마크로에멀젼(1~10㎛)으로 구분할 수 있다.

유화는 계면활성제에 의해 분산된 성분이 주로 수용성인지 지용성인지에 따라 O/W(oil in water), W/O(water in oil)로 분류한다.

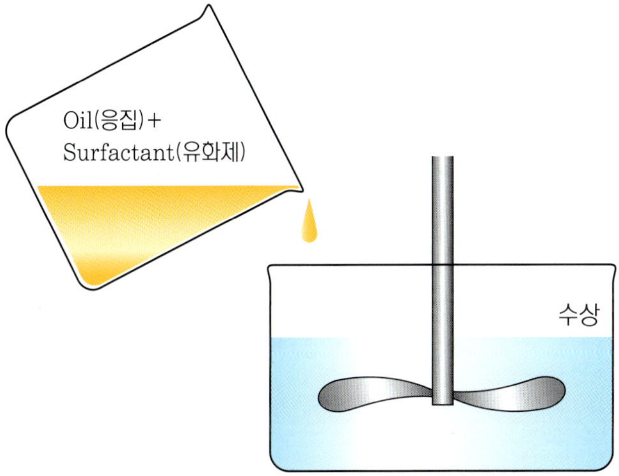

그림 3-4 유화 제품 제조 과정

O/W 타입의 유화제품은 피부에 흡수 시 수용액의 성분이 먼저 느껴지므로 유성성분에 둘러싸인 W/O 제품보다 수분감이 강하고 시원하고 촉촉한 사용감이 장점이며 보습효과와 흡수성이 좋은 편이다.

W/O 타입은 유성성분이 많으므로 사용감이 무겁고 크리미하며 발림성과 흡수감이 느리나 피부에 유연효과를 주는 에몰리엔트 효과가 좋고 지속성이 좋은 장점이 있다.

O/W 타입은 응용하여 W/O/W(water in oil in water)의 다층유화(다상유화)로 제조할 수 있으며, W/O/W타입은 O/W 타입보다 유화입자에 포접된 유효물질을 많이 담을 수 있고, 유화 안정성도 뛰어나 사용감도 촉촉하고 부드러우며 사용감과 유효성, 안정성 증진 등의 장점이 있다.

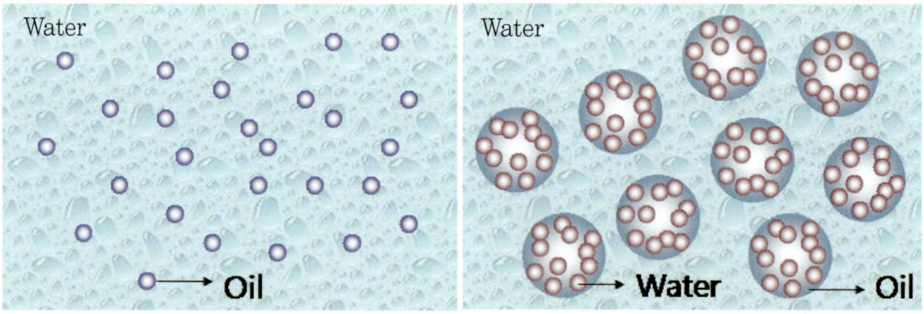

O/W (Oil in Water)　　W/O/W (Water in Oil in Water)

표 3-2 내상의 크기(Particle Size)

100㎛ 이상	육안 관찰 가능
1000㎛ 이상	Whitish Emulsion
100 ~ 400nm	Bluish Emulsion
100nm 이하	Translucent
50nm 이하	Transparent

마찬가지로 W/O 타입은 응용하여 O/W/O 타입으로 만들 수 있으며, 유화안정성의 증가 및 유효성 증진 등의 장점이 있으나 유분감이 많아 기초 화장품 제조에서는 W/O/W 타입보다 낮은 빈도로 활용되고 있다.

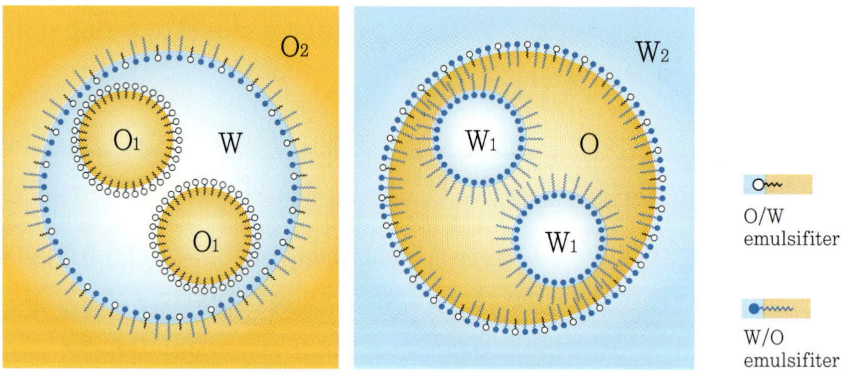

그림 3-5 다중유화 모식도

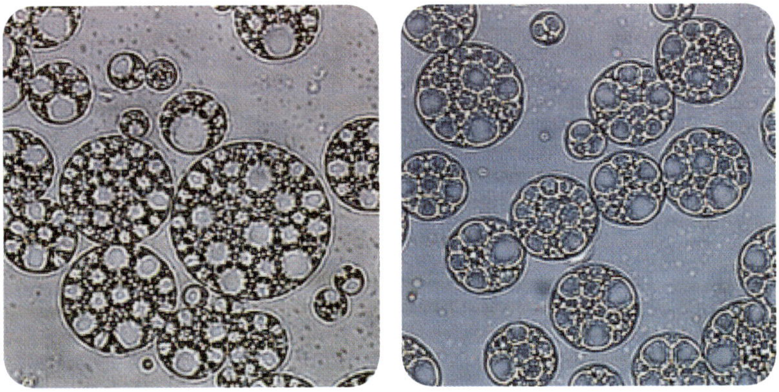

그림 3-6 W/O/W 다중유화 현미경 사진

유화 기술은 가용화에 비해 유화 입자 안에 포접할 수 있는 유효성분이나 활성성분의 양을 많이 넣을 수 있고, 계면활성제의 안정성도 뛰어나 품질의 안정성과 안전성에 기여할 수 있다.

그러므로 기초 화장품 뿐만 아니라 메이크업 제품, 헤어 제품 등에도 널리 사용되며 사용 목적에 따라 유분감, 수분감, 향취, 흡수감, 피부 컨디션 개선 등을 쉽게 조절할 수 있으며 다양한 응용과 활용이 가능한 기술이다.

유화의 생성

- 계면활성제(Surfactant)는 한 분자내에 소수성(Hydrophobic)부분과 친수성(Hydrophilic)부분이 공존하는 양친매성 구조를 가지고 있는 것들을 총칭함
- 비교적 소량을 첨가하여 표면이나 계면에 흡착하여 계면장력의 감소, 계면의 성질(유화, 분산, 가용화, 습윤 등)과 같은 물리적 성질을 현저하게 변화시킴
- 이 중 유화를 형성하는데 쓰이는 계면활성제를 유화제(Emulsifier)라고 한다.

유화제의 역할

- 액체의 계면에 흡착되어 계면장력을 낮추어 줌으로써 계면적(Interfacial area)이 증가하는데 따른 자유에너지의 증가를 낮추어 줌
- 계면에 흡착되어 유화의 입자~입자 사이에 정전기적 또는 물리적 보호막 역할을 하여 입자가 서로 합쳐지는 것을 방지 하여 줌

유화의 안정성

- 합일(Coalescence) : 입자와 입자가 합쳐져 더 큰 입자로 되는 것으로 유화 파괴의 전단계
- 응집(Flocculation) : 유화입자가 분산력에 의해 서로 결합하고 있는 상태
- 크림화(Creaming) : 응집된 상태가 비중차에 의해 농도차가 생긴 것 (이와 유사한 것으로 Sedimentation이 있다.)

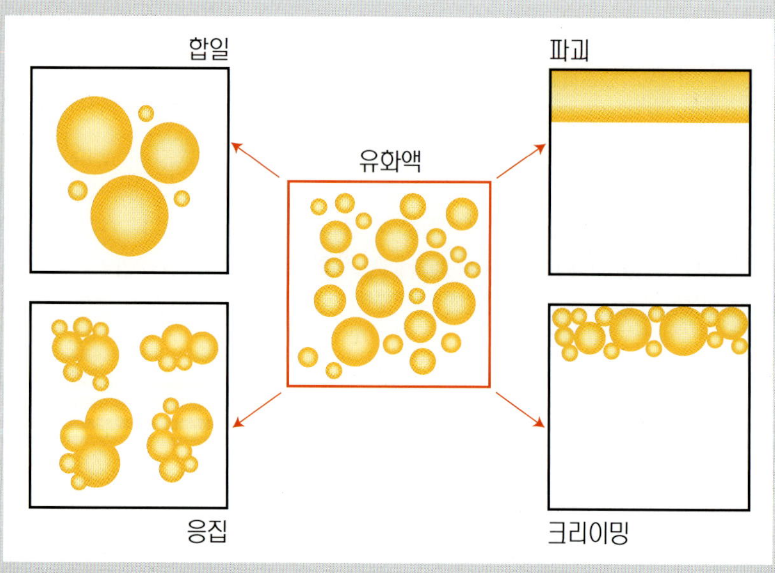

▪ 유화 안정성과 관계된 이론

가. 유화입자의 크기와 운동특성

· 브라운(Brown) 운동 : 입자의 크기가 1㎛이하에서는 입자 상호간의 충돌로 더 이상 입자가 커지지 않는다면 브라운 운동에 의해 크림화 현상은 일어나지 않을 것이다.

· 스톡식(Stokes' low) : 입자의 침강 또는 부유되는 속도는 비중차, 입자크기의 제곱에 비례하며, 점도에 반비례함을 나타냄.

나. 유화입자의 전기적 상호작용

· DLVO 이론

▪ 유화 안정도의 요인

가. 계면막의 물리적 성질-물리적 강도를 증대

· 유화제를 혼용하여 사용

· 유화입자 주위에 액정상(liquid crystal phase) 형성

나. 전기적, 물리적 방어막 형성

· 이온성 계면활성제 사용

· 계면 고분자 물질 등을 흡착 시킴

다. 연속상의 점성

· 고분자 물질 등의 점증제(Thickner)를 사용

라.유화입자크기의 분포

· 입자크기가 균일할수록 유화가 안정

마. 연속상과 분산상의 비율 및 온도

· 적절한 비율의 분산상 사용

* 화장품 제조를 위한 교반기

· 호모 믹서, 호모게나이저, 마이크로 플루다이저, 프로펠러 믹서

▪ 유화 안정성 측정법

· 산업적으로 이용하는 유화 안정성 측정법 : 아래와 같은 가혹한 조건하에서 유화파괴를 촉진시켜 단시간 내에 유화 안정도를 추정하는 방법이 이용됨

· 온도 안정성 시험 : 고온, 실온, 냉장, 냉동 보관

· Cycling : 고온과 냉온에 일정시간씩 순환적으로 보관

· 냉동-해동 : 특히 W/O유화 안정성 측정 시 사용

· 원심분리

· 광안정성 시험 : 실외, 실내, 형광등 폭로 시험

– 상층의 유분 분리, 하층의 수분분리, 면상태의 거칠음, 점도의 변화, 침전, 변취, 변색, 결정석출, 균열 등의 변화가 있는지를 확인함

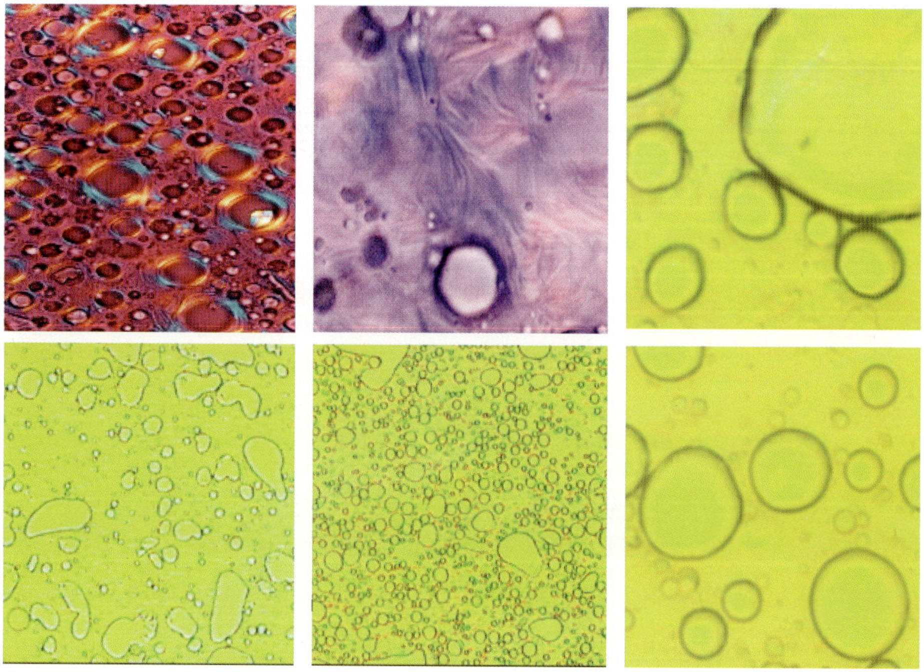

그림 3-7 유화 입자 확대 사진

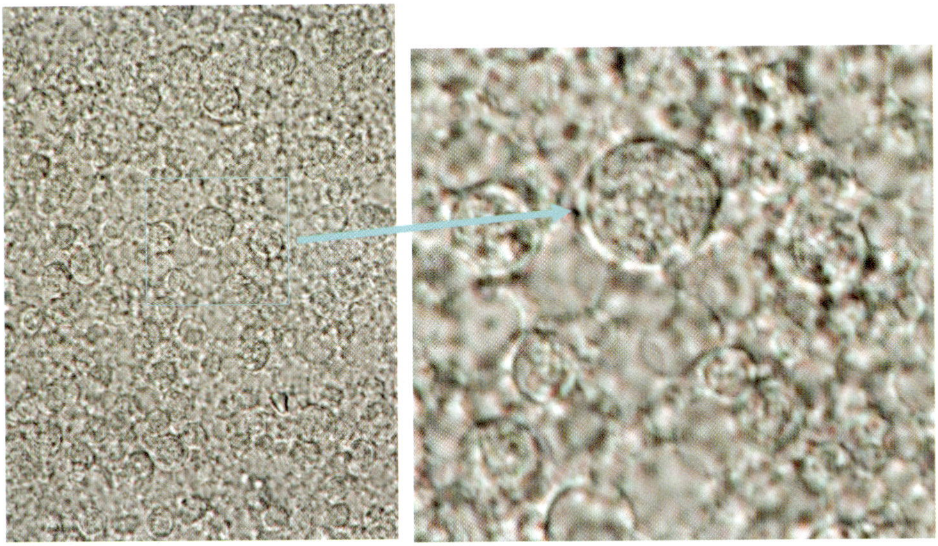

그림 3-8 다중유화의 1000배 확대 현미경 사진

3. 분산

분산은 유화의 일종이나 유화가 수성액과 유성액의 균일한 혼합인데 비해 분산은 액체 속에 고체 입자를 균일하게 혼합해 안정화 시킨 기술이라는 차이가 있다. 즉, 액체 대 액체의 균일 혼합이 아닌 액체 대 고체의 균일 혼합이 분산인 것이다.

대부분 비중 차이에 의해 고체는 액체 속에 뜨거나 가라앉아 균일한 혼합이 어려우나 분산에서는 이를 극복하고자 분산제라고 하는 계면활성제를 사용해 두 물질을 균일하게 혼합해 유지해 준다.

가용화와 유화가 기초화장품과 메이크업 제품, 헤어제품 등에서 전방위로 활용되는 기술이라면 분산은 주로 메이크업과 선제품 등의 고형의 입자가 피부색 보정과 기타 생리기전을 도와주는 제품군에 주로 사용된다.

분산이 활용되는 화장품 품목에는 비비크림, 파운데이션, 투웨이케이크, 팩트, 아이섀도우, 아이라이너, 마스카라, 아이브로우 등이 있으며. 대부분의 메이크업 제품과 선크림을 비롯한 선제품군, 네일 에나멜 등에 적용된다.

3-2 화장품의 생화학

1. 기초 화학

● 분자와 원자

화장품은 많은 화학물질을 혼합하고 결합하여 생리기능 활성과 피부색 보정 및 다양한 아름다움을 부여해 준다.

다양한 물질이 화장품에 사용되므로 기초적인 화학 지식이 있어야 화장품을 더 잘 이해할 수 있다.

기초적인 화학을 이해하기 위해서는 물질의 기초 구성에 대해 알아야 한다. 물질은 원자와 분자로 이루어져 있다.

물을 예로 들면 물의 특성을 잃지 않은 상태에서 물을 쪼개고 쪼개면 더 이상 나눠지지 않는 물의 입자에 다다른다. 이를 분자라 한다. 물은 H_2O로 표기하며 수소 원자 두 개와 산소 원자 1개로 이루어진 화합물이다. 물의 특성을 유지하며 수소와 산소원자가 모두 3개가 모여 H_2O의 물을 만들고, 물의 특성을 잃지 않은 물의 최소 단위는 분자이고, 이를 다시 원자 단위로 쪼개면 물의 특성은 잃고 원자만 남는다. 이때 원자는 더 이상 나눠지지 않는 미세 입자를 말한다.

결과적으로 분자는 2개 이상의 원자가 모여 물질의 특성을 나타내는 최소 단위이고, 분자를 다시 쪼개면 물질의 특성은 잃지만 더 작은 미립자가 나오며 이 미립자는 더 이상 쪼개지지 않는 가장 작은 입자라 할 수 있고 이를 원자라 한다.

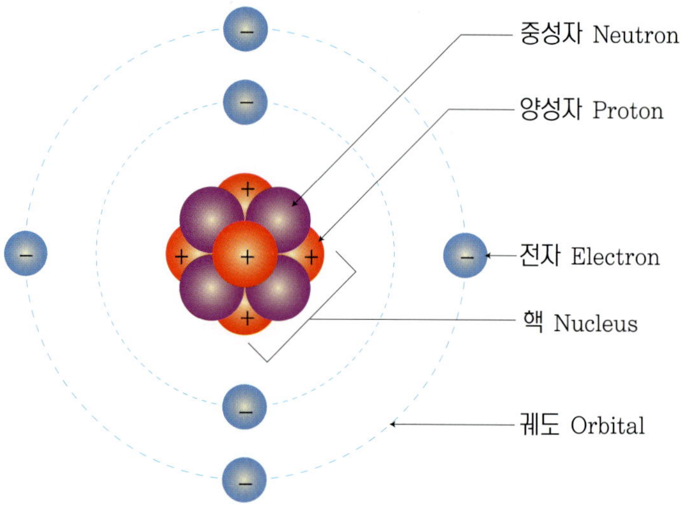

그림 3-9 원자의 모델

원자는 2개 이상이 모여 분자를 형성하고 이 때 형성되는 결합에는 이온결합, 공유결합, 금속결합, 배위결합 등이 있다.

가장 대표적인 분자 형성결합이라 할 수 있는 공유결합과 이온결합을 도식으로 살펴보면 다음과 같다.

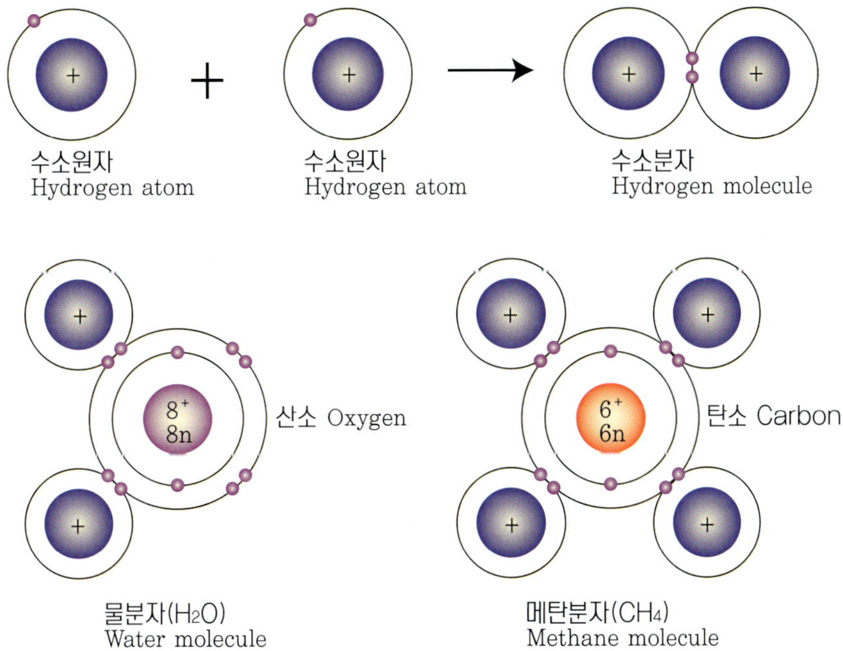

그림 3-10 공유 결합

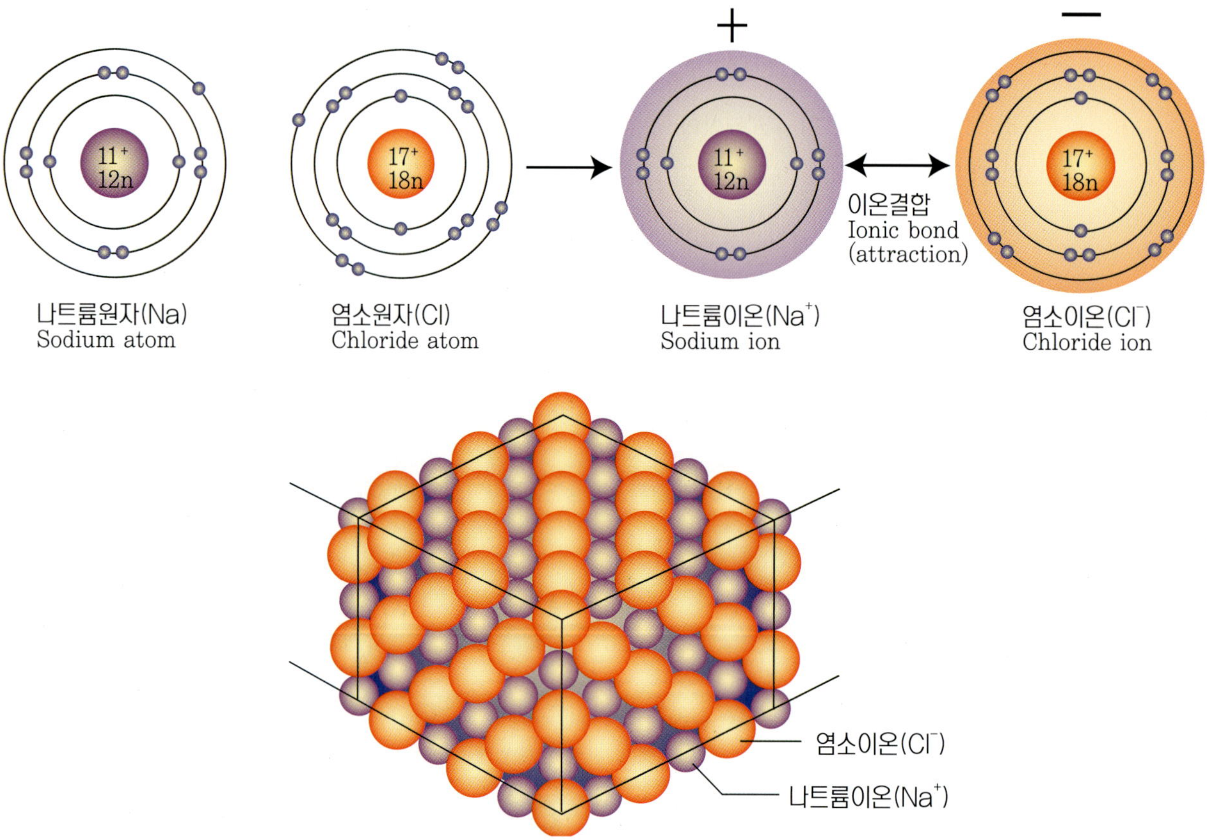

그림 **3-11** 이온 결합

● 이온

모든 물질은 원자 내부에 있는 양성자, 중성자, 음의 전하(전자)의 조화와 균형에 의해 전기적으로 중성이나 음의 전하를 다른 원자에게 잃거나 얻음으로써 원자 내 전기적 균형과 조화가 깨져 양이온과 음이온이 될 수 있다. 음의 전하를 다른 원자에게 잃으면 양성자가 음의 전하보다 많아 양이온이 되고, 음의 전하를 다른 원자로부터 얻으면 음의 전하가 양성자보다 많아져 음이온을 띄게 된다.

음의 전하를 잃어 양이온이 되면 불안정해져 다시 음의 전하를 되찾아 균형을 맞추려 하고 이 과정에서 음이온과 활발한 결합을 시도해 다시 안정화 되려는 성질이 있다.

대표적으로 소금(NaCl)에서 앞의 Na는 양이온이며 뒤의 Cl은 음이온으로 +, −의 전기적 결합에 의해 단단히 결합되어 소금(NaCl)이라는 화합물로 변화 하였다.

● 물질의 질량

우리가 어떤 물체의 무게가 궁금하면 저울을 통해 간단히 측정 하지만, 그 물질을 구성하는 최소 단위인 분자와 원자 등은 너무 미세하고 가벼워 저울로 측정하기가 어렵다.

원자의 구성을 보면 원자 내부는 비어 있고 무게도 너무 적으며 각각 고유 원소의 원자 무게가 다르므로 각 원자의 고유 질량을 구해서 상대적 질량을 구한 후 사용하는 원자량 방식이 사용된다.

이렇게 구해진 원자량을 가지고 분자식에 대입해 합계를 내면 그것이 분자량이 된다. 분자량은 분자를 구성하는 원자가 가진 질량의 합이며 이를 측정하기 위해 분자당 정확한 구성 원자의 파악이 우선인데 분자량을 측정하기 위해서는 이러한 구성 분자와 구성 원자 단위를 몰(mol)이라 한다.

물질의 질량과 양은 이러한 원자량, 분자량에 따라 측정되며 이를 우리 생활 곳곳에서 활용한다.

● 산성과 염기성

화장품은 피부에 도포하는 물질로 인체의 피부 과학적 지식을 반드시 숙지해야만 좋은 화장품을 만들 수 있다.

우리 피부는 pH 4.5~6.5 의 약산성으로 화장품의 산도 역시 이 영역대를 기준으로 제조하고 있다.

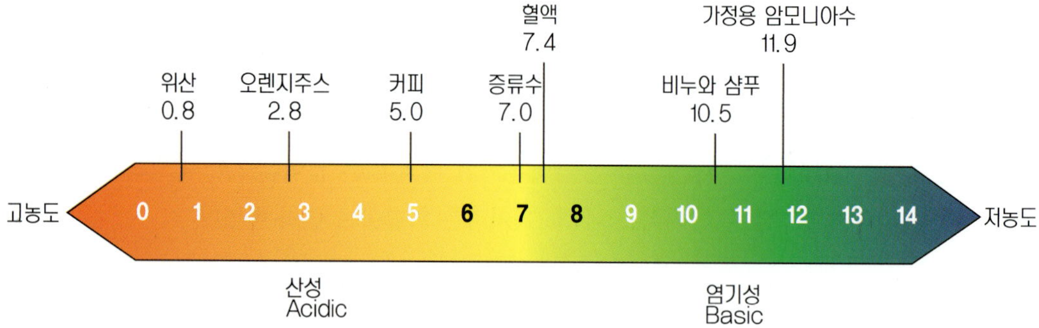

그림 3-12 산성도

산성은 식초라는 뜻의 그리스어 acetum, 신맛의 acidus에서 비롯되었고, H^+의 수소 원소가 공통적으로 들어있으며 시큼한 신맛이 특징이다.

수소가 있어 보통 수용액을 형성하고 이 수용액에서 H^+을 많이 방출하면 강산성, 적게 내놓으면 약산성이라 부른다.

질산, 염산, 황산, 탄산, 아세트산 등이 대표적인 산성 물질이며 금속과 결합하여 이온화합물을 생성할 수 있다.

염기성은 아랍어에서 al(정관사로 영어의 the와 같은 쓰임새)과 galiy(해조류, 해초류를 태운다)에서 비롯된 말로 alkalis로 표기한다. 중세에 의학과 학문, 상업활동 등이 왕성해 서구 중세문명보다 크게 발전한 문명을 자랑하던 이슬람 문명이 십자군 전쟁을 통해 유럽인에게 이슬람의 과학과 의학, 고전 학문의 전통이 전해졌다. 암흑가의 유럽 사회에 이러한 지식이 전달되면서 알칼리, 알루미늄 등의 아랍어 기원의 과학, 의학 용어들이 널리 전파 되었다.

염기성은 알칼리성으로도 불리며 수용액 상태에서 OH^- 인 수산이온을 방출한다. 수산 이온의 방출 정도에 따라 강염기 또는 강알칼리성이라 하고 강도가 낮으면 약염기, 약알칼리성이라 한다.

염기성은 신맛을 내는 산성과 다르게 쓴맛이나 쏘는 맛이 있고 피부에 접촉 시 미끌거리는 사용감이 있으며 지방 제거 효과가 좋아 비누가 없던 과거에는 비누 대신 빨래를 세탁하는 세정 용도로 사용 하였다.

표 **3-3** 산과 염기의 특징

구분	특 징
산성	– 신 맛이 난다 – 수용액에서 수소이온(H^+)을 방출한다 – pH 시약인 리트머스 종이를 푸른색에서 붉은색으로 변화시킨다 – 대표적으로 질산, 염산, 황산, 탄산, 아세트산 등이 있다
염기성	– 쓴 맛, 쏘는 맛이 난다 – 수용액에서 수산이온(OH^-)을 방출한다 – pH 시약인 리트머스 종이를 붉은색에서 푸른색으로 변화시킨다 – 대표적으로 수산화나트륨, 수산화칼륨 등이 있다

3-3 화장품 성분학

화장품은 응용과학 기술 분야로 눈부신 발전을 거듭하고 있는 바이오 기술, 기초의학, 생화학기술, 신소재기술, 경표피 흡수기술, 나노 등의 제조기술 및 신공법, 천연물과 합성물 등의 융합기술, 디자인 및 용기, 향료 등의 기술이 만나 융합한 고부가가치 산업이다.

화학과 생명공학, 신소재를 기반으로 한 제조업의 특성 위에 대중들의 욕구와 기능성 등과 같은 유효성, 감성 충족 등의 역할을 함께 하며 품질 못지않게 마케팅의 역할이 중요한 산업 분야이기도 하다.

과거와 달리 단순히 인체의 청결과 세정, 보습, 보호, 용모 미화 등의 역할에서 현재는 항노화, 미백, 자외선차단 등의 기능성 화장품 영역이 기초 화장품의 근간을 지탱할 정도로 피부 기능 증진에 바탕한 높은 유효성이 화장품 품질의 기본이 되고 있다.

이러한 사회적 욕구가 반영되어 화장품은 단순한 원료의 혼합과 첨가를 통한 제품이 아닌 다양한 첨단 기술과 신소재를 투입해 고부가가치를 실현하게 되었고, 이러한 원료의 적절한 조화와 조합을 통해 최적의 사용감과 효과 증대, 소비자 만족을 이루도록 진화 하였다.

최상의 효과를 위한 각 원료의 조화와 조합은 필연적으로 원료 배합 시 각 원료의 유기적인 시너지 효과를 발휘하고, 화장품의 안전성, 안정성, 사용감, 유효성 등의 4대 요건을 모두 만족 하여야 한다.

또한 화장품 원료는 품목별 사용 목적에 부합하는 효과와 기능을 가져야 한다. 현대의 화장품이 실험실용으로 국한되지 않고 상업적 판매를 위해 제조, 유통되는 산업 시스템에서 품목별 기능 적합성은 필수적이며 이는 구매력을 동반한 상업성을 획득해야 한다는 뜻이기도 하다.

그리고 화장품 성분은 각각의 색과 특이취 등의 고유한 특성을 가지고 있는데 냄새가 강하거나 색이 상품화에 부적절하면 외면 받으므로 특이취가 강하거나 색이 강한 것은 화장품 원료로 적합하지 않다.

이렇게 다양한 요건을 만족시켜도 인체에 직접 사용하며 불특정 다수가 평생에 걸쳐 장기간에 사용하는 것이 화장품이므로 각 나라에서는 화장품에 배합하는 원료를 엄격하게 관리하며 법률로써 규정해 관리 · 감독하고 있다.

우리나라에서는 국민 보건과 위생을 관리 감독하는 보건복지부 식품의약품안전처(약칭:식약처/KFDA; 2013년 식약청에서 식약처로 승격)에서 식품 원료, 의약품 원료 등과 함께 화장품 원료 및 화장품 제조에 대한 관리, 감독을 담당하고 있다.

널리 사용되고 국제적으로 공인된 기존의 허가 원료들은 화장품원료기준(약칭:장원기)에 따라 사용할 수 있으며 신소재로 개발된 신규 원료는 식약청이 제시한 기준과 규격에 따라 안전성을 확인받고 식약청의 허가를 득해야만 화장품원료로 사용할 수 있다.

이렇게 화장품 원료에 대한 국가적 체계와 법률이 엄격한 것은 화장품이 인생의 전체 생애기에 사용될 수 있고 누구나 사용하여도 안전하여야 한다는 화장품 본래의 특성에 충실하기 위해서이다.

화장품에 사용되는 성분을 몇 가지로 세분화하면 다음 표와 같다.

표 3-4 화장품에 사용되는 원료의 분류

구분		특 징
수성원료		정제수, 식물 추출수, 에탄올, 해양심층수, 식물수액
유성원료	천연	식물성
		동물성
		광물성
	합성	탄화수소류
		고급지방산
		고급알코올
		합성 에스테르류
		실리콘류
계면활성제		양이온성, 음이온성, 양쪽이온성, 비이온성 계면활성제
보습제		글리세린, 프로필렌 글리콜, 1 · 3 BG, 히아루론산
점증제		잿탄검, 카르복시비닐폴리머, 카르복시 메틸셀룰로우즈
산화방지제		Vit E, Vit E 아세테이트, 합성 산화방지제
색소		염료, 안료(무기, 유기, 레이크)
금속이온봉쇄제		EDTA
방부제		메틸 파라벤, 부틸 파라벤, 이미다졸리디닐우레아
컨셉 원료		항노화제
		미백제
		자외선차단제
		여드름용 성분
향료		천연 에센셜 오일, 천연향료, 합성향료
펩타이드		바이오 및 합성을 통한 펩타이드류
기타 성분		자외선 차단제(무기, 유기), pH 조절제, 무기 분체, 살균제, 수렴제 등

표 3-5 기초 화장품의 성분

구분	특 징
수성성분	수성에 용해되는 성분으로 정제수, 식물 수액, 에탄올 등이 대표적이다.
유지(오일)	동식물에 존재하는 오일류를 말하며 풍부한 피부 유연효과, 친화력, 영양공급, 피지막 기능을 한다.
왁스	고급지방산과 고급알코올의 에스테르로 오일과 달리 실온에서 고체이다. 유연효과와 점도조절에 효과적이다.
계면활성제 (유화제)	친수기와 소수기로 이루어져 물질의 경계면의 성질을 변화시켜 주는 물질로 화장품의 핵심적인 성분이다. 화장품의 역사를 다른 말로 유화의 역사라고 부르기도 할 만큼 중요하다.
점증제	점도를 유지하거나 제품의 안정성을 유지하기 위해 사용하는 고분자로 대체로 수용성이 많다.
보습제	피부에 수분 공급, 흡습성 증대 로 피부를 촉촉하게 해주는 성분이다.
고급 알코올	C_6 이상의 알코올의 말한다. 유화안정도를 높여주는 유화보조제로 사용된다.
하이드로카본류	C_{15} 이상 구조의 포화탄화수소를 말하며 스쿠알렌, 바세린, 파라핀, 유동 파라핀 등이 있다.
고급 지방산	RCOOH로 표시되는 화합물로 유성원료이며 천연의 유지, 밀납 등과 혼합해 많이 사용한다.
에스테르류	지방산과 알코올의 탈수반응으로 얻은 화합물로 유연제, 현탁제 등으로 사용한다.
실리콘류	내수성이 강하고 끈적임이 없는 가벼운 사용감을 가진 유기규소 화합물을 총칭한다.
산화방지제	불포화결합 화합물 등의 산패가 쉬운 물질의 산화 방지를 위해 첨가한다. 변하는 것을 막아준다.
살균 및 방부제	미생물의 증식, 발육, 살균 작용을 위해 사용한다. 사용 시 제품의 안전성을 유지시며 준다.
금속이온 봉쇄제	금속이온은 변색, 변취와 침전의 원인이므로 이 성분을 넣어 방지한다.
피막형성제	표면에 막을 형성하여 팩 등에 사용하여 사용감과 코팅 능력을 갖게 한다. 점증제와 함께 고분자 폴리머로 구분한다.
자외선 차단제, 흡수제	자외선을 산란, 흡수하여 피부노화와 색소침착을 방지하는 성분으로 유기분체와 무기원료로 구분 가능하다.
기능성 원료	기능성 분야 중 자외선 분야를 제외한 주름개선과 미백에 관계되는 성분들이다. 이외에도 통상적인 인식하의 피부 요효 성분들을 포함한다.

1. 수성 성분

수성 성분은 화장품에 사용되는 핵심 원료로 물에 녹는 수용성 물질을 포함한다. 대표적인 수성 성분은 다음과 같다.

● 정제수

화장품에 사용되는 성분 중 정제수는 일반적인 증류수가 아닌 3중 정제를 통한 정제수로 기초 화장품의 사용 시 가장 많이 사용되는 성분이다.

일반적인 물에는 H_2O 분자만이 아닌 미네랄을 포함한 다른 물질이 포함될 수 있으므로 불순물 여과 및 이온 교환수지를 통해 경수를 연수로 전환하고 생물학적 오염을 방지하지 위해 철저한 살균과정을 거친 정제수만 사용한다.

일반적으로 물을 포함한 성분은 세균이나 곰팡이 등에 쉽게 노출되어 오염되기 쉬우므로 화장품 제조 과정 뿐만 아니라 보관 및 유통, 판매, 사용 등의 전 단계에서 위생 관리에 신경 써야 한다.

● 식물 수액과 식물 추출수

기초 화장품에 사용되는 수성 성분 중 정제수와 차별화 된 제품과 기능을 위해 식물 추출수와 식물수액을 사용하기도 한다. 식물 추출수는 아로마에센셜 오일의 부산물로 향취와 함께 여러 활성성분을 함유하고 있으며, 정제수를 대체하거나 정제수와 함께 일정 비율로 사용 하기도 하고, 일부 컨셉 원료로 소량만 배합되기도 한다.

식물수액은 식물이 보유한 100% 천연수액으로 대부분 초고가 라인의 기초 화장품 중 노화방지, 미백 등의 피부기능 활성화 촉진의 기능성 제품에 많이 사용되며 식물 자체의 수액이므로 다당성 성분 함량이 높고 천연 보습 기능과 생체 활성에 기여하는 특징을 갖는다.

대나무 수액, 자작나무 수액, 단풍나무 수액 등의 식물 수액이 사용되며 우리가 초봄에 마시는 고로쇠 수액도 이러한 식물 수액의 대표적 예이다.

식물 수액은 고가이며 유효 성분과 특히 보습, 미백 기능 등이 뛰어나 노화 피부용 기능성 제품에 잘 부합하지만 식물 수액에 다량 함유된 다당체로 인해 쉽게 산폐, 변질되는 특징이 있으므로 이의 방지를 위한 배합 기술이 필수적이다.

● 에탄올

에탄올은 알코올의 일종으로 에틸 알코올이라 하며 이를 줄인 약칭으로 흔히 에탄올이라 부른다.

알코올은 중세 이슬람 제국의 과학자들이 사용하던 원료로 서구에 전해져 알코올이라는 아랍어 기원의 명칭을 얻게 되었다.

화장품 제조에 사용되는 에탄올은 석유에서 합성한 95% 에탄올을 사용하며 알코올 특유의 특이취가 강하나 쉽게 휘발되고, 무색이며 물에 잘 용해되어 정제수 다음으로 많이 사용되는 원료이다.

미용 현장에서는 인체의 소독과 탈지효과, 기구 및 물품의 소독 등에 광범위하게 사용된다.

2. 유성성분

유성 성분은 수성 성분과 달리 물에 용해되지 않고 오일에 녹는 성분을 말한다. 유성 성분은 획득하는 기준에 다라 식물성 오일, 동물성 오일, 광물성 오일로 구분한다.

● 식물성 오일

▪ 올리브 오일

지중해 연안의 대표적인 재배 식물로 수많은 전설과 종교에서 언급되고 있다. 터키지방과 이란 지역에서 처음으로 야생 올리브를 재배하기 시작하여 이후 중근동, 그리스, 아프리카, 남유럽 등으로 확산 되었다. 그리스 신화에서 아폴로와 아르테미스는 올리브 나무 아래에서 태어났으며, 기독교의 성경에서도 노아의 방주편에 올리브가 등장하며 이슬람교에서도 올리브를 성스러운 나무로 인식하고 있다.

올리브는 열매를 압착하여 추출하며, 양질의 불포화지방산을 많이 함유하여 지중해 연안의 여러 문화권에서 풍요의 상징으로 오랫동안 활용되어 왔다. 주된 조성은 올레인산이 가장 많이 함유되어 있고 팔미틴산, 리놀산 등도 포함되어 있다.

올리브 오일은 지중해식 식문화에서 다양하게 사용되어 오며, 화장품에 적용 시 에몰리언트 효과와 건조감 방지 등의 효능으로 에멀젼, 크림, 에센스 등에 사용된다.

▪ 해바라기 오일(SUNFLOWER OIL)

해바라기는 원래 아메리카 대륙의 록키 산맥 주변이 원산지로 태양을 따라 움직이는 특성을 가지고 있다. 신대륙 발견 후 해바라기를 귀하게 여긴 스페인 탐험대들에 의해 본국으로 진상되어 유럽에 알려져 널리 전파된 계기가 되었다.

이런 연유로 스페인을 비롯한 남유럽의 지역에서 해바라기는 이국적인 풍경을 선사하며 대규모로 재배되고 열매를 압착하여 추출한 해바라기오일은 식품과 화장품으로 활용될 수 있었다.

밝은 담황색의 해바라기 오일은 맛이 달콤한 편이고 필수지방산과 미네랄, 비타민, 아르기닌, 셀레늄 등이 풍부해 노화방지와 활력 부여에 효과가 높으며 피부에 적용 시 친화성이 좋고 보습유지력이 좋아 아토피 제품과 중건성용 크림과 유액, 악건성용 특화제품에 자주 사용된다.

필수지방산 중 주로 리놀산(69.8%)과 올레인산(18%)이 많이 함유되어 있으며 풍부한 에몰리엔트 효과와 매끈한 사용감 등이 장점이다.

▪ 마카다미아 넛 오일

마카다미아 넛에서 압착 추출한 오일로 고급의 불포화지방산을 다량 함유하며 피지와 친화성을 갖는 구조로 사용감이 가볍고 흡수감이 좋은 오일이다.

스위트 아몬드 오일(SWEET ALMOND OIL)

아시아 남서부에서 기원한 스위트 아몬드 오일은 로마시대부터 애용되어온 오일이다. 목욕을 즐긴 로마인의 취향과 더불어 마사지와 피부관리를 위해 사용되던 스위트 아몬드 오일은 화장품 뿐만 아니라 아로마 오일을 사용할 때도 케리어 오일로 사용된다.

스위트 아몬드 열매를 냉압착하여 얻어진 무취의 담황색 오일로 Vit A와 B가 풍부하고 미네랄 성분이 많고 올레인산과 리놀산이 많으며 성분 구성면에서는 올리브 오일과 비슷하다.

피부 유연 및 탄력, 보습 유지 효과가 좋고 건선, 소양증, 가벼운 화상, 염증에 대한 진정 효과가 좋아 서구에서 민간요법으로 널리 활용되던 오일이다.

포도씨 오일(GRAPE SEED OIL)

와인을 즐겨 마시는 유럽인들이 와인 제조의 부산물인 포도씨에서 추출한 오일로 항산화 성분인 폴리페놀과 토코페롤이 많아 뛰어난 노화방지 효과를 볼 수 있다.

주로 와인 세소지로 유명한 프랑스와 라인강 주변, 이탈리아, 칠레, 캘리포니아 등에서 생산되며 리놀산과 올레익산이 많고 칼륨, 칼슘, 비타민 A, B와 철분, 미네랄, 토코페롤, 폴리페롤 등이 풍부해 식용으로도 널리 사용된다.

특히 포도씨에 함유된 폴리페놀 성분은 OPC라 부르는데 강력한 항산화제로 알려진 토코페롤 보다 50배 더 강한 항산화 효과를 가지고 있어 산화안정성이 특히 우수해 화장품으로 제조 시 안정성이 좋다. 또한 포도씨에는 카테킨 성분이 함유되어 피부의 해독과 살균 효과에도 효과적이라 염증 피부나 예민피부용, 여드름 피부 화장품, 아토피 화장품에도 활용되고 보습 및 유연 효과가 좋아 기초화장품과 바디 화장품에도 널리 활용되고 있다.

그림 3-10 식물성 오일

● 동물성 오일

▪ 스쿠알렌

스쿠알렌은 건강보조식품으로 널리 알려진 성분으로 전세계적인 인기를 얻고 있는 성분이다. 태양광선이 도달하지 못해 몹시 차갑고 어두운 혹독한 자연 환경에서 서식하는 심해 상어가 강인한 생명력을 유지하는 비결은 심해 상어의 간에 저장된 스쿠알란 성분 때문이다. 심해 상어는 자신이 처한 극한 상황에서 고농축 영양 물질인 스쿠알란을 간에 저장해 필요 시 활용하도록 진화 하였다. 심해 상어의 간에 함유된 성분을 추출한 것이 스쿠알란이고 이의 안정성을 위해 스쿠알란에 수소를 첨가해 활용하는 것이 스쿠알렌이다.

스쿠알렌은 화장품에 적용 시 뛰어난 보습 증진과 에몰리언트 효과로 노화피부, 건성 피부, 색소치착성 피부 등에 효과적이고 다른 오일류에 비해 피부 친화성이 좋고 흡수성이 뛰어나며 영양공급 효과가 높다.

▪ 에뮤 오일

에뮤는 호주에 사는 동물로 타조처럼 날지 못하는 거대 조류로 호주에 원래 거주하였던 에보리진에 의해 전통적인 의학 및 자연치유요법으로 오랫동안 사용된 성분이다.

에뮤 오일은 에뮤의 피하 지방을 정제해 추출한 것으로 실키한 사용감과 뛰어난 보습 효과, 상처 치유 및 재생 효과가 좋고 에몰리엔트 효과가 매우 좋다.

건성 피부, 노화 피부 등에 효과적이며 관절염 예방 및 근육통 완화에도 효과가 있어 세계적인 화장품 원료로 부상 하였다.

▪ 밍크 오일

밍크 오일은 겨울철 고가의 모피 소재인 밍크의 부산물로 밍크의 피하 지방을 정제해 추출한다. 추운 지방에서 자신의 체온을 유지하기 위한 기전으로 피하 지방이 비교적 많은 편이며 추출한 지방 역시 부드럽고 흡수감 빠른 에몰리언트 효과와 보습 효과, 높은 피부 친화성, 상처 재생 효과로 노화 피부, 건성 피부 등에 효과적인 동물성 오일이다.

▪ 라놀린

라놀린은 목축업에서 양털 및 양가죽의 부산물로 생산되는 양의 피지 성분을 정제한 유지로 과거에 매우 많이 사용되던 성분이다. 그러나 양털 및 양가죽의 가공 과정에서 정제해 사용하는 라놀린은 인간의 피부에 도포 시 피지를 배출하는 통로인 모공을 막아 여드름을 유발하는 것으로 알려지며 현재는 거의 사용되지 않는다.

광물성 오일

▪ 유동 파라핀

주로 석유에서 정제해 추출하며 무색 투명한 빛을 띄는 오일이다. 화장품에 사용 시 안정성이 좋아 변질, 변취가 거의 없고 산화 안전성이 좋으며 품질 유지력이 높아 널리 사용된다.

▪ 바세린

석유에서 추출한 성분으로 피부에 피막을 형성해 표면의 수분 증발을 억제하고 에몰리언트 효과가 높다. 과거에 저렴한 가격과 일반적인 보습 및 유연 효과로 화상 치료 시 보조적 제제로 피부의 수분감 유지와 생물학적 오염을 막기 위한 피막 형성제로 많이 사용되었다.

합성 오일

▪ 실리콘 오일

화학적으로 합성한 오일로 산화 안전성이 떨어져 쉽게 산폐되고 변취되는 식물성 오일류에 비해 안정되고 동물성 오일에 비해 사용감이 가볍고 산뜻한 제형으로 만들 수 있어 최근의 트렌드와 잘 부합되는 유성 성분이다. 광물성 오일보다 사용감과 고객 선호도가 높아 스포츠 화장품, 선제품, 남성 제품, 메이크업 제품 등에 널리 사용되며 피지분비가 많은 하절기용 화장품에 적합하다.

3. 계면활성제

수성 성분과 유성 성분을 균일하게 혼합해 주는 물질로 화장품 분야 뿐만 아니라 식품 산업, 의약품 산업, 페인트 등의 도료에도 널리 사용되는 물질이다.

화장품 산업에서는 가용화제, 유화제, 분산제, 세정제 등이 주로 사용되며 계면활성제가 가진 전기적 이온성에 따라 양이온성, 음이온성, 양쪽이온성, 비이온성 계면활성제로 분류할 수 있다.

4. 점증제

점증제란 화장품 제조 시 각 품목의 용도와 기능에 맞게 점도를 조절해 주는 성분으로 점증제에 의해 후루이드한 액상이 되거나 되직한 크림의 제형이 될 수도 있다.

점증제는 화장품의 효과 자체에 영향을 주는 성분은 아니나 점증제에 의한 제형의 변동폭이 크므로 소비자가 선호하는 점도와 사용감을 부여하므로 고객의 화장품 선택에 영향을 미치는 중요한 성분이다.

식물에서 추출한 글루코오스를 환원한 다당성 성분인 솔비톨과 화학적으로 합성한 카르복시비닐폴리머, 카르복시 메틸셀룰로우즈 등이 많이 사용된다.

5. 고급 지방산

고급 지방산은 탄소의 수가 많은 유기산을 말한다. 긴 사슬 모양의 탄화수소 구조에서 한쪽에 카르복시기(-COOH)를 띄어 산성을 나타내고 이러한 특징으로 염기성 물질과 pH 중화 반응을 일으킬 수 있어 화장품에 활용도가 높은 성분이다.

지방산은 화학적으로 포화 정도에 따라 불포화지방산과 포화지방산으로 분류 하는데 불포화 지방산에는 올레인산, 리놀산 등이 대표적이고 포화 지방산에는 미리스틱산, 팔미틴산, 스테아린산 등이 대표적이다.

6. 고급 알코올

고급 알코올은 유성 성분 중 화학적으로 탄소수가 6개 이상인 것으로 천연 오일이나 왁스에서 가수분해와 정제를 통해 추출하거나 고급 지방산을 환원하는 공정을 통해 얻는다.

탄소 수가 16개인 세틸 알코올을 많이 사용하며 이외에 탄소수 14인 미리스틸 알코올과 탄소수 18인 스테아릴 알코올도 자주 사용되는 종류이다.

7. 에스테르류

화학적으로 에스테르류는 고급 지방산과 알코올이 결합된 성분으로 유성 성분 중 답답하고 무거운 유분감보다 산뜻하고 가벼운 사용감을 위해 많이 사용한다.

천연 오일 중에도 에스테르류는 많으며 아로마 오일 사용 시 캐리어 오일로 많이 사용되는 호호바 오일과 벌집에서 추출하는 비즈 왁스, 립스틱 등에 많이 사용되는 카나우바 왁스, 라놀린 등이 대표적이다.

에스테르류는 화장품에 적용 시 피부의 피지와 유사한 구조로 되어있어 다른 오일에 비해 흡수성이 좋아 자주 사용된다.

8. 실리콘류

실리콘은 무기물질인 규소 성분을 바탕으로 화학반응을 통해 만들어진 합성물로 투명하면서 무색, 무취의 특성을 가져 화장품에 적용 시 다양한 활용과 안정한 유화상태 유지와 산패 방지의 효과가 높다.

피부에 도포 시 가볍고 실키한 사용감과 윤기있고 촉촉한 광택감으로 사용감이 매우 우수해 산뜻한 사용감을 선호하는 현대인에게 매우 사랑받는 성분이다.

각종 기초 화장품과 선제품, 메이크업 제품, 립스틱 등에 모두 사용된다.

9. 산화방지제

산화방지제는 화장품의 제조, 보관, 유통, 판매, 사용 단계에서 안정된 품질력 유지를 위한 필수 조건인 산화를 방지해 주는 성분을 통칭한다. 산화는 화장품의 성분이 공기 중의 산소에 의해 산화되어 변질되는 것으로 주로 변색, 변취 등의 형태로 나타나며 화장품의 품질력을 저하시키고 심할 경우 피부에 자극을 주고 트러블을 유발한다.

유성 성분, 저급 지방산, 알데히드 등의 이중 결합을 가진 화합물은 필연적으로 공기 중의 산소를 만나 쉽게 산화되므로 이를 방지하고자 화장품 제조 시 비타민 E(Vit E), 비타민 E 아세테이트(Vit E acetate), BHT(Butyl hydroxy toluene), 폴리페놀 등을 사용한다.

10. 색소

화장품의 색을 조정하고 사용 시 피부 색을 보정하고 아름답게 보이기 위해 화장품 제조 시 색소를 사용한다.

색소는 주로 메이크업 제품과 네일 제품에 사용하며 용액에 녹는 성질의 색소를 염료(dye), 용액에 녹지 않으며 주로 무기물질로 이루어진 색소를 안료(pigment), 수용성 염료에 무기물을 첨가해 불용성으로 가공한 레이크(lake)로 구분한다. 안료는 다시 체질안료, 백색안료, 착색안료로 구분할 수 있다.

염료는 주로 전통적인 염색에 쓰였던 성분으로 옷감의 염색에 주로 쓰였고 화장품에서는 기초 화장품과 헤어 제품에 일부 사용된다.

안료는 메이크업 제품에서 피부색 보정, 피부색 커버, 색채 부여, 용모 미화 등의 목적으로 사용된다.

11. 금속이온봉쇄제

화장품에 사용되는 많은 성분들은 화장품 제조 후 시간이 경과하며 산화되거나 변색의 촉매제로 작용해 화장품의 품질을 저해할 수 있다. 이러한 화장품 성분의 산화를 막기 위해 제조 단계에서 금속이온봉쇄제를 첨가해 금속이온들의 활동을 저해해 변색, 변취, 유화안정성, 품질력 등을 유지한다.

금속이온봉쇄제는 일반적으로 킬레이트제(Chealting agent)로 불리며 대표적으로 EDTA(Ethylene diamine tetraacetic acid)를 사용하며, 기초화장품과 메이크업 제품 등에 널리 사용한다.

12. 살균 및 방부제

화장품의 생물학적 오염을 막고 화장품의 안전성과 안정성을 유지하기 위해 방부제 및 살균제를 첨가한다.

방부제는 세균, 진균 등의 미생물 번식과 활동을 억제해 인체에 안전하게 화장품이 사용될 수 있도록 하는 성분으로 에틸파라벤, 메틸파라벤 등의 파라벤류와 피부 자극이 적은 이미다졸리디닐 우레아 등이 많이 사용된다.

살균제는 녹농균의 살균 효과가 높은 페녹시에탄올과 세균이나 진균의 살균과 방부에 효과적이며 산도에 따라 다양한 활용도를 보이는 살리실산 등이 자주 사용된다.

13. 향료

화장품에 사용되는 많은 원료들의 특이취를 중화하고 마스킹 하거나 좋은 향을 부여해 사용감과 품질력을 높이기 위해 향료를 첨가한다.

향료는 천연 향료와 합성 향료로 분류하며 원료 수급 및 균일한 품질력 유지, 경제적 비용, 보관 및 유통 단계에서의 안정성 등을 고려해 합성 향료를 화장품에 더 많이 사용한다.

합성 향료는 비용이 저렴하며 적은 양으로도 큰 효과를 볼 수 있고 다양한 향취를 부여해 화장품의 품질력 향상 및 고객 선호도 증가에 기여 하였다,

14. 컨셉 원료

컨셉 원료는 화장품 품질과 마케팅의 중점적인 컨셉이 되는 원료로 항노화, 미백, 자외선 차단 등의 기능성 성분과 여드름 개선 성분, 각종 비타민과 미네랄, 한방 성분 등이 대표적으로 사용된다.

컨셉 원료는 화장품의 기능을 상징적으로 보여주며 핵심 효과를 대표하는 주요 성분이다. 소비자는 컨셉 원료의 특징을 살핀 후 화장품을 구매하게 되며 다른 화장품과 차별화된 성분이나 신소재 성분을 함유한 제품들은 스테디셀러 제품으로 각광 받으며 큰 마켓 쉐어를 형성하기도 한다.

15. 기타 원료

이외에 기타 원료로 제품의 pH를 조절해 피부에 대한 자극을 줄여주고 피부 기능을 높여주는 pH 조절제와 피막 형성제 등이 있다.

Ⅳ. 기초 화장품

4-1 기초 화장품의 특성과 분류

기초 화장품은 피부의 신진대사를 원활하게 하고 정상적인 기전으로 유지시켜 주며 물리적, 화학적, 생물학적, 광학적 외부 자극으로부터 피부를 보호하여 항상성을 유지하도록 도와주는 제품군을 말한다.

일반적인 기초 화장품은 사용 목적에 따라 청정 및 세정 제품, 피부정돈 제품, 보습 제품, 보호 제품, 영양 공급 제품, 생리기능 활성화 제품 등으로 구분할 수 있다.

여기에 더해 유효성과 기능성이 뛰어나 식약청의 인증을 받은 제품은 기능성 화장품군이라 구분하며 차별화된 임상 결과와 유효성을 자랑한다.

기초 화장품은 색조 화장품이나 헤어 제품과 달리 피부 조직에 직접 도포하는 화장품으로 무엇보다 인체에 안전하고 피부기능에 유효한 효과를 주어야 한다.

그리고 인체의 피부에 직접 도포하는 제품군이다보니 피부에 대한 자극이 낮고 피부과학적 메카니즘에 부합되어 항상성을 유지시키고 피부 기능을 향상시켜 주는 것이 중요 지향점이다.

표 4-1 기초 화장품의 일반적 구분

구분	특징	주요 품목
청정 및 세정제품	노폐물 및 메이크업 잔여물 제거, 청결 및 피지 제거 등의 청정 효과 부여, 세정을 통한 위생 개선 및 용모 미화 효과	클렌징 제품, 폼 클렌징, 피지 제거제
피부 정돈	피부의 pH 밸런스 유지, 피부 정돈, 피부결 정돈, 보습 및 수렴(제품 특성별)	화장수
보습제품	피부에 보습 증가, 원활한 피부 항상성 유지	에센스, 세럼, 앰플, 이이젤
보호제품	피부에 보호 효과 부여, 에몰리엔트 효과 부여, 건조함, 자외선, 외부 오염물질로부터 보호	에멀젼(로션류), 유액, 데이 크림, 크림류, 아이제품류
영양공급제품	피부에 영양 공급	앰플, 영양 크림, 나이트 크림, 영양팩
기능활성화 제품	피부의 신진대사 활성화	각종 팩, 마사지

표 4-2 기능성 화장품의 분류

구분	특징	주요 품목
항노화	피부의 노화를 막아주는 안티 에이징 효과의 화장품군으로 피부 탄력 증가, 주름 완화, 피부 밀도 향상 등의 기능을 나타내는 제품군이다.	주름개선 제품 – 주름개선 에센스, 주름개선 에멀젼, 주름개선 크림 등
미백	피부의 색소 침착을 완화하고 이미 생성된 색소를 환원해 피부색을 밝고 하얗게 가꿔주는 제품군이다.	미백 제품 – 미백 에센스, 미백 세럼, 미백 크림, 비타민 C 세럼 등
자외선 차단	피부 노화와 색소 침착의 주범인 자외선을 차단하여 피부를 보호하는 제품군이다.	자외선 차단 제품 – 선 스프레이, 선 로션, 선 크림, 선스크린, 선 오일 등

1. 청정 및 세정 화장품

청정 및 세정 제품이 가장 필요한 이유는 피지 분비와 땀 분비로 인해 외부 오염 물질이 흡착되어 피부에 악영향을 주지 않도록 하기 위해서이다.

사람은 출생 직후의 신생아기에는 모체의 호르몬 영향으로 피지가 분비되나 생후 한 달 이후로 점차 피지 분비가 줄어들게 된다. 8세 정도의 아동기부터 피지 분비는 소량 증가하다 사춘기에 급격한 피지 분비 증가를 맞게 되고, 이 시기에 과도한 피지 분비로 지성 피부나 여드름 피부로 변화 하기도 한다. 사춘기 시기를 거쳐 성인기에 접어들면 피지 분비는 완만한 속도로 줄어 들며 중장년기와 노년기에 이르면 급격히 저하되어 심한 건성 피부로 변화하게 된다.

이러한 피지 분비량의 변화는 인체의 전반적인 생리기전에 따른 자연스러운 현상으로 연령 에 따라 피부 특성이 상이하고 청정 및 세정 제품의 기능과 기대 효과가 달라질 수 있으므로 제품 선택 시 피부 타입을 잘 판별해 피부 타입에 맞는 제품을 사용하여야 한다.

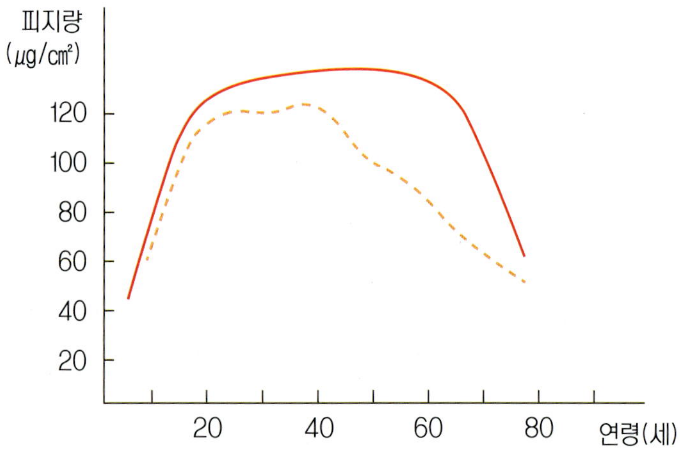

그림 4-1 - 연령 증가에 따른 피지 분비량

청정 및 세정 제품은 신생아부터 노인까지 전 연령대에서 사용 하는 품목이다. 어린이들을 대상으로 한 품목으로는 베이비 샴푸, 베이비 비누, 베이비 폼 워시, 아토피용 워시, 아토피용 샴푸 등이 있다.

일반적으로 여성이 사용하는 청정 및 세정 제품에는 클렌징 젤, 클렌징 로션, 클렌징 워터, 클렌징 로션, 클렌징 오닐, 세안 비누, 폼 클렌징 등이 대표적이다.

피지 분비에 외부의 먼지, 땀, 대기 중 오염물질, 기초 화장품 및 메이크업 제품 등의 사용으로 인해 시간이 지나면 표면을 청정하게 세정할 필요가 있다.

대체로 수성의 노폐물과 더러움은 물로 세안이 가능하지만 유성의 노폐물과 메이크업 잔여물 등은 물로 제거할 수 없으므로 먼저 유성 성분이 함유된 클렌징 제품으로 클렌징 한 후 폼 클렌징이나 미용 비누 등을 이용해 수성 세안하는 이중 세안이 필요하다.

피지 분비가 많고 지성인 피부라면 세정력이 뛰어난 제품을 사용하고, 물은 찬물이나 뜨거운 물은 피하며 미온수를 사용해 세안하도록 한다.

세정력이 약한 제품을 이용해 세안하더라도 세안수가 너무 따뜻하거나 뜨거우면 피부 표면의 피지와 유효 성분을 제거하므로 건성인 사람에게는 매우 좋지 않은 사용법이다. 반대로 피지 분비가 많은 사람이 습하고 더운 여름철에 찬물로 세안하면 모공 속 피지와 노폐물이 깨끗이 제거되지 않으므로 피부 건강에 좋은 선택이라 할 수 없다. 피부 타입에 맞는 청정 및 세정 제품과 미온수를 상황에 맞게 잘 선택해 사용하고 세안수로 사용하는 물도 마그네슘, 칼슘, 철 등이 함유된 경수보다는 연수를 사용해야 세정 효과도 제대로 발휘되고 피부결도 거칠어지지 않아 좋다.

결론적으로 청정 및 세정 제품은 피부 타입과 피부 특성을 먼저 파악해 개개인에게 적합한 제품을 선택해 경수가 아닌 연수를 미지근한 온도로 사용하는 것이 좋다.

세안 시 비누나 폼 클렌징을 먼저 손바닥에 부드럽게 거품을 내어 손에 묻은 클렌징 잔여물과 유분감, 노폐물 등을 깨끗이 씻어낸 후 다시 비누나 폼 클렌징을 덜어 풍부하게 거품을 낸 후 그 거품으로 얼굴을 세안해주는 느낌이 들도록 가볍게 터치하며 꼼꼼히 씻어낸다.

마무리로 씻을 때도 완벽하게 씻고 마무리에는 찬물로 패팅하듯이 헹군 후 수건으로 톡톡 두드리듯이 얼굴의 물기를 제거하며 다음 단계 화장품을 도포한다.

● 포인트 리무버

기초 화장품과 베이스 메이크업을 주로 도포하는 볼, 이마 등과 달리 눈과 입술은 아이섀도우, 아이라이너, 마스카라, 아이브로우, 립스틱, 립글로스 등의 강한 색채를 부여하는 포인트 메이크업을 매일 하게 된다. 이러한 포인트 메이크업을 자극 없고 쉽게 지우며 잔여물과 노폐물이 남지 않으면서 피부를 보호해주는 효과를 겸비해야 하는 것이 포인트 리무버 제품이다.

포인트 리무버는 면봉과 화장솜에 충분히 적셔 메이크업의 잔여물이 잘 녹을 수 있도록 하고, 압력을 주지 않으며 가볍고 밀착되게 닦아낸다.

포인트 리무버를 통한 눈과 입술의 클렌징 시 반드시 피부결에 따라 닦아내며 면봉과 화장솜을 이용해 미세 피부결 사이사이에 있는 노폐물과 잔여물까지도 꼼꼼히 닦아내도록 한다.

● 클렌징 제품

베이스 메이크업을 지우는 제품을 클렌징 제품이라 한다.

클렌징 제품은 제형의 특성에 따라 클렌징 워터, 클렌징 젤, 클렌징 로션, 클렌징 크림, 클렌징 오일, 클렌징 티슈 등으로 분류한다.

표 4-3 기능성 화장품의 분류

구분	특징	주요 품목
클렌징 워터	가벼운 메이크업, 적은 유성 원료 함유로 산뜻함	옅은 화장, 지성 피부, 하절기
클렌징 젤	클렌징 젤은 로션타입보다 유분감이 낮고, 촉촉하며 사용감이 청량함	옅은 화장, 민감성, 하절기

클렌징 로션	가장 일반적인 4계절용 클렌징 제품으로 일반적인 화장과 대부분의 피부 타입이 두루 사용할 수 있음	일반 피부, 4계절 모두
클렌징 크림	클렌징 로션보다 유성 성분이 많고 짙은 화장도 잘 지워짐	짙은 화장, 건성–노화피부, 동절기
클렌징 오일	유성 원료 함량이 가장 높아 짙은 화장을 지우기에 좋고 소량 사용으로도 클렌징 효과가 좋아 경제적임	짙은 화장, 무대 분장, 동절기, 건성피부 경제성을 중시하는 소비자
클렌징 티슈	간편하게 사용할 수 있는 편리성, 강한 압력으로 사용 시 피부에 자극이 될 수 있음	여행 시, 옅은 화장

● 세안용 비누

세안용 비누는 폼 클렌징에 비해 세정력과 탈지 효과가 우수한 편이다. 알칼리성을 띄므로 비누로 세안 시 손바닥에서 충분히 거품을 낸 후 거품으로 마사지 하듯이 터치해 얼굴을 닦아주고 미온수로 세안 후 찬물로 마무리 한다.

일반적으로 비누는 피지 분비가 적은 동절기보다 하절기에, 건성 보다는 지성 피부가 사용하며, 여성보다 남성이, 연령이 높은층보다는 어리고 젊은 연령층에서 비누 사용이 빈번하다.

이는 모두 피지 분비량에 따른 것으로 세안 후 알칼리성인 비누 잔여물이 남아있지 않도록 깨끗이 헹궈주며, pH 밸런스를 유지하기 위해 화장수를 이용해 피부의 산성도를 조절하도록 한다.

● 폼 클렌징

폼 클렌징은 클렌징 폼, 폼 워시, 리퀴드 폼 등의 다양한 명칭으로 불린다. 일반적으로 비누보다 자극을 줄이고 부드럽고 마일드한 세정력과 보습 및 보호 성분 함유로 세안 후에도 피부가 당기거나 거칠어지지 않고 촉촉하고 부드러운 상태를 유지하도록 해준다.

비누의 강한 세정력 대신에 마일드한 세정력을 취한 품목으로 건조하고 자극에 약한 여성 피부가 선호하는 품목이다.

피부에 자극이 적은 중성계 계면활성제와 아미노산계 계면활성제를 사용하여 비누보다 피부 자극이 적고 pH 밸런스 유지에도 효과적이며 여드름 및 민감성 피부, 노화 피부, 건성 피부, 건조한 계절 등에 사용하면 효과적이다.

● 스크럽

스크럽은 미세 입자가 제형 속에 함유되어 마사지 하듯이 가볍게 문지르며 피부 표면의 노화 각질과 노폐물을 제거하는 품목으로 세정 효과가 뛰어나다.

이러한 스크럽 제품은 과거에 곡물이나 견과류의 씨앗을 잘게 입자로 만들어 사용하거나 광물질을 이용해 제품을 생산 하였으나, 현재는 피부 자극과 눈의 안점막에 들어갈 시 자극이 강할 수 있어 거칠고 큰 입자는 사용하지 않고 마일드한 합성 스크럽 제제를 많이 사용한다.

스크럽은 피부 조직이 얇은 눈 주변과 입 주변은 피하고 목 피부에도 사용하지 않고 안면 피부에만 가볍게 사용하며, 강한 압력은 절대 피해준다.

스크럽을 이용한 피부 관리는 주 1~2회가 적당하며 한 번 스크럽을 이용해 각질관리 및 노폐물 관리를 하더라도 3~5분 이내로 마무리해 피부에 대한 물리적 자극을 최소화 하도록 한다.

● 효소 세안제

엔자임 파우더 워시, 효소 파우더 워시 등으로도 불리는 효소 세안제는 알칼리성인 비누와 달리 식물에서 유래한 천연 효소를 파우더로 응축하여 세안제로 사용하는 약산성계 세안제이다.

식물 중 파파야와 파인애플 등에 함유된 천연 효소는 노화 각질을 미세하게 용해하고 피부에 화학적 자극이 없으며 스크럽처럼 물리적인 압력을 가하지도 않으면서 마일드한 세정력을 가진 것이 특징이다. 다만 비누나 폼 클렌징처럼 거품 생성력이 뛰어나지 않으나 마일드하고 촉촉하며 자극 없는 사용감과 효과로 점차 대중들의 사랑을 많이 받고 있는 품목이다.

자극이 적고 촉촉하므로 노화 피부, 건성 피부, 색소 침착 피부, 민감성 피부, 여드름 피부 등에 사용할 수 있고 피부의 pH 조절에도 효과적이다.

2. 피부 정돈 화장품

● 화장수

화장수는 세안 후 피부에 처음으로 도포하는 화장품으로 우리나라에서는 일반적으로 스킨 로션이라는 명칭으로 친근한 품목이다. 그러나 스킨 로션이라는 명칭보다는 '화장수', 또는 '토닝 로션', '토너'라 부르는 것이 바른 표현이다.

화장수는 비누와 폼 클렌징의 알칼리성 세정 제품의 사용 후 피부의 pH 균형이 무너진 상태를 개선하고자 화장솜에 화장수를 듬뿍 적셔 피부결 사이사이를 닦아내듯이 바르며 피부의 pH 밸런스 회복과, 노폐물 및 세안제 잔여물 제거, 보습, 피부결 정돈 등의 효과를 준다.

화장수는 유연화장수와 수렴 화장수로 구분 할 수 있는데 유연 화장수는 보습과 피부 보호에 중점을 둔 화장수이고 수렴 화장수는 청정과 모공 수축 등에 초점을 맞춘 제품이다. 일반적으로 유연 화장수에는 보습물질이 다량 함유되어 있고 수렴 화장수에는 알코올과 모공 수렴제 등이 함유되어 피부를 긴장감 있게 수렴 시켜주는 효과가 있다.

최근 경향은 유연 화장수와 수렴 화장수의 구분보다 각각의 피부 타입에 맞춰 화장수를 선택하거나 복합성일 경우 T존과 U존으로 나눠 사용하거나 피지분비량에 따라 동절기, 하절기 등으로 구분해 피부 상태에 맞는 제품을 골라 사용하는 추세이다.

화장수에는 다른 기초 화장품보다 정제수 함량이 높으며, 유연 화장수보다 수렴 화장수가 알코올 함량이 높으며, 지성 피부용 화장수, 여드름 피부용 화장수, 남성용 화장수(애프터 쉐이빙 토너) 등에는 알코올 함량이 더 많은 편이다.

3. 보습 화장품

● 에센스(Essence)

에센스는 농축액을 뜻하는 '에센셜'에서 비롯된 어휘로 보습 및 영양 물질의 농축액이라는 사전적 의미를 지닌다.

에센스는 주로 수용성 보습 물질을 듬뿍 함유하고 있으며 화장수 다음 단계에서 사용하고 아침과 저녁에 모두 사용한다.

피부의 신진대사를 원활히 하고 피부 노화를 막기 위한 최선의 관리는 피부의 수분이 메마르지 않고 충분한 보습력을 유지하도록 하는 것이다.

노화의 과정을 쉽게 표현하면 '세포의 탈수로 인한 과정'이라 할 만큼 살아있는 세포 단위에서 수분 유지는 필연적인 생존 조건이다.

현대인들의 삶이 인위적 실내 환경에서의 에어컨, 선풍기, 히터, 난로 등의 건조한 대기 환경의 연속으로 인해 피부의 건조가 심화될 수 있는 상황이고, 사회 생활과 복잡다단한 일상으로 인해 스트레스가 가중되는 라이프 스타일로 인해 보습의 중요성은 더욱 높아지고 있다.

이러한 열망에 힘입어 촉촉하고 산뜻하게 흡수되는 에센스 등의 보습 강화 품목들이 각광을 받고 있다.

에센스는 미국과 일본, 우리나라 등에서 흔히 사용하는 용어이며, 유럽 등에서는 시럼 또는 세럼(serum) 등의 용어가 더 일반적이다. 세럼은 혈청이라는 뜻으로 고농축 유효성분의 함량을 혈청이라는 단어에 빗대어 설명하고 있다. 이러한 용어 이외에도 컨센트레이트(concentrate)라는 용어도 사용 하는데 모두 보습 공급용 품목을 일컫는 말이다.

에센스는 일반적으로 가용화를 이용한 젤 타입의 에센스가 많았으나 소비자들의 다양힌 니즈(needs)를 반영해 유화 타입의 밀키한 사용감을 지닌 에센스도 많이 출시되고 있다. 이러한 유화 타입의 에센스는 기능성 성분의 포함이라는 컨셉에 많이 사용되고 있으며 보습과 영양 공급이라는 두 마리의 토끼를 잡는 품목으로 진화하고 있다.

● 앰플(ampul)

앰플은 주사액이라는 뜻을 지닌 단어로 피부에 필요한 고보습, 고영양 성분을 농축하고 있다는 뜻을 내포하고 있다. 처음에는 주사액이 든 유리 용기에 포장되어 의약품인 주사액과 유사하게 출시되었으나 사용의 편리함을 위해 점차 1회 사용분만 포장하거나 눈금이 있어 일주일만 사용하도록 용기 및 디자인이 점차 진화하여 현재와 같은 다양한 앰플 전성 시대를 열게 되었다.

앰플은 기포 화장품 중 가장 가격대가 고가인 품목으로 피부에 대한 생리활성 효과가 높고 유효성이 뛰어난 수용성 원료를 주로 함유 하였다.

앰플의 대중화는 곧 주름개선, 항노화, 미백, 탄력 강화, 재생 촉진, 여드름 개선, 모공 축소 등의 다양한 컨셉의 고가 제품군의 발전을 가져왔고, 이를 뒷받침 하고자 화장품의 신소재 연구, 기초 피부과학 연구, 용기 및 디자인 연구, 화장품 부자재 연구 등이 활성화 되었다.

4. 보호 화장품

피부를 보호하는 품목에는 에멀젼(로션), 데이크림, 크림류, 아이 제품류 등이 있다.

이러한 품목들은 모두 피부의 피지와 보습을 조절해 촉촉하고 건강한 피부 상태로 유지하며 건조한 외부 환경과 바람, 대기 중의 미세 먼지 및 오염 물질 등이 피부에 직접 접촉하지 못하게 하고 피부의 약산성 보호막 기능을 회복해 건강한 피부의 항상성이 유지되도록 해준다.

또한 민감한 눈 주위에 도포되는 아이 제품은 피부 조직이 얇고 민감하며, 운동량이 많아 쉽게 주름지고 탄력을 상실하기 쉬운 눈주변의 피부를 촉촉하고 탄력있게 해주어 건조함을 방지해 준다.

에멀젼과 데이 크림 등에는 자외선 차단제 성분이 일부 함유되어 생활자외선으로 인한 보호 효과를 부여해 준다.

● 에멀젼(로션)

에멀젼은 흔히 로션이라 부르는 품목으로 수성 성분 위주의 화장수, 에센스, 앰플 등과 다르게 유성 성분의 함량이 높은 편이다. 유성 성분의 함량이 화장수나 에센스보다 높으나 후루이드한 액상 타입이라 피부에 도포 시 흡수가 잘 되고 다음 단계에 도포하게 되는 크림류의 사용감과 흡수감을 높여주는 기능을 한다.

유화를 통해 만들어지며 유성 원료 및 컨셉 원료의 배합과 효능에 다라 O/W, W/O타입으로 구분되며 대체로 O/W 타입의 유화가 수성 성분의 촉촉하고 산뜻한 사용감과 보습 효과, 흡수감, 끈적이지 않는 피부 표면 등으로 우리나라에서 더 많이 사랑받고 있다.

에멀젼(로션) 역시 피부 타입과 피부 상태에 따라 취사 선택해야 하며 일반적으로 건성 피부용, 중성 피부용, 지성 피부용, 복합성 피부용, 여드름 피부용, 민감성 피부용 에멀젼 등으로 구분해 선택하며 남성도 피부 타입에 따라 중지성용, 중건성용 등으로 나눌 수 있다.

이 외에도 에멀젼은 기능성 성분과 융합하여 주름개선용 에멀젼, 미백용 에멀젼, 자외선 차단 에멀젼(로션) 등으로 전문화, 기능화 하여 발전 하고 있다.

● 데이 크림

데이 크림은 나이트 크림과 다르게 아침에 사용하는 데이용 크림으로 나이트 크림에 비해 영양공급 성분은 더 적지만 자외선 차단 및 산뜻한 사용감, 화장의 유지력 강화, 약간의 안색 보정 효과를 가미한 품목이다.

우리나라에서는 데이 크림류보다 일반적인 영양 크림을 더 많이 사용하는 경향이 있지만 서구 유럽 국가의 여성들은 데이 크림과 나이트 크림으로 구분해 사용한다.

데이 크림은 낮 동안의 인체 활동에 수반되는 외부 환경으로부터 우리 피부를 보호하고, 건조하거나 번들거리지 않으면서 피부의 신진 대사를 유지해 주는 기능을 한다. 특히 자외선, 대기 중 미세 오염 물질, 중금속, 꽃가루, 먼지 등으로부터 피부를 직접적으로 보호해 주므로 라이프 스타일과 피부 타입, 계절적 특성에 맞춰 선택하여 사용하도록 한다.

● 아이 제품

아이젤과 아이 크림 등으로 구분되는 아이 제품군에서 아이젤은 빠른 흡수와 보습 강화 효과가 뛰어나고 아이 크림은 수분과 유분의 공급으로 건조함 방지, 장시간의 에몰리언트 효과가 특징이다. 특히 아이 크림은 일반적인 크림보다 보습과 에몰리언트 효과가 오래 지속되도록 해 피지 분비가 극히 적은 눈 주위 피부를 보호 하도록 하고 있다.

5. 영양공급 화장품

● 나이트 크림

영양 공급 단계에는 에센스, 세럼, 앰플 등의 수용성 성분 위주의 보습 제품군과 나이트 크림, 영양 크림, 아이 제품 등이 모두 포함된다.

그 중 특히 영양 크림과 나이트 크림은 피부에 대한 영양 공급의 대표적 품목으로 주로 밤에 사용하는 품목들이다.

나이트 크림은 밤에 리사이클링되고 회복되는 생체 신진대사의 메카니즘에 힘입어 부교감신경이 작용하는 밤 시간대의 영양공급과 피부 재생, 활력 증진을 목표로 만들어진 품목이다.

우리 인체는 낮 동안에 자율신경 중 교감신경이 작용하여 긴장되고 각성되어 일과 활동을 열심히 하게 하지만, 피부는 고영양 물질을 도포해도 그것이 흡수되고 활성화가 되기 어려운 상태가 된다. 그러나 밤이 되면 교감신경은 억제되고 부교감신경이 작용하여 휴식과 릴렉스를 통해 피부가 영양 물질을 흡수하고 에너지를 충전해 회복할 수 있도록 한다.

이러한 인체 생리기전으로 인해 '미인은 잠꾸러기' 라는 내용이 대중에게도 친숙한 상식으로 자리 잡았고, 수면을 통한 부교감신경의 활성으로 일상의 피로를 회복하고 그러한 회복에 힘입어 피부의 기능 향상과 개선도 가능해진다.

우리가 일상생활에서 밤에 잠 들지 못하고 스트레스를 많이 받거나 전전긍긍해 쾌적한 숙면을 이루지 못하면 다음날 피부의 컨디션도 매우 나빠지고 피부색이 칙칙하고 탄력이 떨어지는 증상을 경험 한 적이 있는 것처럼 피부에는 인체 생리를 적용한 응용과학의 특성이 강하게 뒷받침 되어야 한다.

● 영양 크림

영양 크림은 피부에 영양 공급을 위해 풍부한 유성 성분과 보습 성분을 함유한 크림으로 데이 크림, 나이트 크림의 구분 없이 다목적으로 활용되는 크림을 말한다.

우리나라에서 크림이 출시되어 사용될 때 적은 양으로도 촉촉하고 산뜻하게 발라지고 흡수감이 좋으며 그 효과가 오래 지속되어 각광을 받았고, 이러한 특성으로 인해 영양 크림이라는 이름으로 널리 사용되어 현재에도 우리나라에서는 데이 크림, 나이트 크림과 함께 범용으로 사용할 수 있는 영양 크림이 널리 대중들의 사랑을 받고 있다.

현재는 영양 크림이라는 용어보다 기능성 화장품의 범주에서 주름개선크림, 미백크림, 탄력 크림, 재생 크림 등의 이름으로 보다 더 세분화된 품목과 기능으로 발전하고 있다.

6. 기능 활성 화장품

피부의 기능 활성화를 위한 기초 화장품에는 팩과 마사지가 해당된다. 이중 마사지는 마사지 자체가 기능 활성화의 효능을 갖는 것이 아니라 마사지를 하는 행위와 기법이 기능 활성화의 효능을 주므로 여기서는 팩에 대해서만 설명 한다.

● 팩

팩은 무엇인가를 감싸고 둘러싸고 포장한다는 뜻을 가진 영어의 package에서 기원하였다. 팩은 피부 표면에 미세한 막을 형성하며 피부 표면을 감싸 피부 표면에 보습과 영양공급, 노폐물 제거 및 피지 제거, 노화 각질 제거, 피부 청정, 혈액 순환 촉진 등의 다양한 효과를 부여해 주는 품목이다.

가. 팩의 효과

우리 피부는 신진대사와 피부 호흡을 통해 항상성을 유지하는데 피부 표면에 일시적인 막을 씌우면 고무장갑을 낀 손에 촉촉이 배인 습기에서 보듯이 피부 표면에 피지와 보습 성분 등이 증발되지 않고 머물게 된다. 이런 원리로 인해 팩을 하게 되면 팩제에 흡착된 노화각질과 노폐물, 피지 등이 제거되어 피부 청정 효과가 높아지고 보습 등의 효과도 증가하게 된다.

여기에 팩제 자체의 기능 부여와 효과로 촉촉함을 증진 시키고 피부결을 부드럽게 하며 청정한 피부 표면으로 인해 고보습, 고영양, 고기능성 성분의 피부 흡수가 용이하고 흡수감도 높아지는 효과를 볼 수 있다.

또한 팩은 간편한 사용과 편리함으로 누구나 쉽게 사용할 수 있는 품목으로 별도의 기술이 필요없고 제거가 용이해 건강한 피부 관리를 위한 홈케어로 매우 적합한 품목이다.

표 4-4 팩의 효과

팩의 효과	
청정 효과	피부 표면의 오염 물질 및 노폐물 흡착
	피지 제거
	노화각질 제거
보습 효과	표면에 막을 형성해 수분 증발 방지로 인한 보습 효과
영양 공급 효과	팩제에 함유된 유효 성분의 흡수 증대 및 보습, 영양 공급 효과
신진 대사 활성	피부 표면의 막을 형성해 피부 온도가 상승하고 신체 말단인 피부 진피층까지 혈액순환이 원활해 피부의 신진대사 기능을 활성화함

나. 팩의 분류

팩은 여러 제형이 나오고 있으나 팩제의 제거 방법에 따라 아래와 같이 분류 할 수 있다.

워시 오프 타입

워시 오프 타입은 팩 도포 후 20분 정도 지난 후 팩제를 물로 씻어내는 타입을 말한다.
워시 오프 타입은 곡물이나 천연 식물 성분 및 허브 성분을 이용한 팩제나 머드, 황토, 백토, 화산재, 빙하토 등의 광물성팩, 보습 및 진정을 위한 젤 타입의 팩제를 제거할 시에 많이 사용된다.
물로 제거하는 타입이라 피부에 작용하는 기능이 피지 제거, 노폐물 흡착, 노화각질 제거 등의 청정 효과와 촉촉한 보습 부여, 시원한 사용감을 동반한 피부 진정 및 쿨링 효과 부여 등의 팩에서 주로 볼 수 있다.
워시 오프팩은 보습이나 영양 공급을 위해 사용할 때는 볼 → 턱 → 이마 → 코의 순으로 도포하고, 피지 제거 및 청정을 위해 사용하는 팩제일 경우에는 코 → 이마 → 턱 → 볼의 순서로 도포해야 균일한 흡수감과 효과의 극대화를 볼 수 있다. 이는 안면 피부 조직 중 볼의 온도가 낮아 팩의 흡수와 팩제의 건조가 느리며, 코와 이마는 온도가 높고 피지 분지가 왕성해 팩제가 빨리 마르는 특성이 있으므로 팩제의 사용 목적에 따라 순서를 조정해 사용하면 팩세의 효과를 극대화할 수 있다.
또한 팩은 도포 시 얇게 바르는 것은 팩의 효과를 반감 시키므로 도포 시 동전 두께만큼 두텁고 충분하게 발라 팩제의 효능을 높이도록 한다.

필 오프 타입

필 오프 타입은 피부 표면에 도포한 팩제가 시간이 지나며 건조되면서 얇은 피막을 형성해 굳어지면 20~30분 후에 이 피막을 제거하여 효과를 누리는 제형으로 폴리머를 이용한 피막 형성제가 함유되어 있다.
필 오프 타입은 과거에 많은 인기를 얻었던 팩으로 강한 필 오프 타입의 팩은 얼굴의 잔딜이 노화각질과 함께 탈락되며 통증 유발과 모공 늘어짐, 미생물 감염 등의 악영향을 주기도 하여 점차 사라졌고, 현재는 소프트하면서 피부 자극이 적은 필 오프 타입 팩들이 대부분이다.
필 오프 팩은 도포 후 건조되는 시간 동안 릴릭스 상태를 유지하며 말을 하거나 안면 근육을 움직여 표정을 만드는 것을 해서는 안된다. 이럴 경우 팩제에 표정에 따라 잔주름이 생기게 되며 일시적인 피부 주름으로 발전할 수도 있기 때문에 팩제 도포 후 웃거나 말을 하며 과도한 안면 근육을 사용하지 않도록 한다. 이 타입의 팩은 피부 표면의 노폐물 제거, 각질 제거 효과와 함께 팽팽한 긴장감을 부여해 탄력 부여 효과를 위해 사용되고 있다.

티슈 오프 타입

티슈 오프 타입의 팩은 부드럽고 실키한 크림의 제형으로 되어 있어 피부 발림성이 좋고 뛰어난 보습효과와 영양 공급 효과로 건성,노화 피부, 건조한 계절 등에 효과적이다.
다른 타입의 팩에 비해 손쉬운 티슈로 제거할 수 있으며 최근에는 나이트팩이라는 명칭으로 티슈 오프가 필요없이 나이트 크림으로 병용할 수 있는 수면팩의 형태로도 인기를 끌고 있다.
이는 뛰어난 사용감과 효과, 피부 개선 효과와 함께 소비자가 편리하게 사용할 수 있는 편의성의 증진이 맞물린 효과로 앞으로도 꾸준히 인기를 얻을 것으로 전망된다.

마스크 타입

마스크 타입의 팩은 워시 오프 타입보다 더 편리한 타입으로 안면 피부의 형태와 유사한 얇은 마스크에 유효 성분을 배합해 얼굴에 부착 후 20~30분 후에 떼어 제거하는 팩이다.
우선 팩제를 제거하기 위해 별도의 노력과 과정이 필요없이 마스크만 제거하면 되고 대부분의 마스크 타입 팩이 고보습, 고영양 제품으로 피부에 집중적인 보습과 기능 개선으로 다음날 아침에 확연한 피부 개선 효과를 즉시 볼 수 있으며 피부 타입, 연령, 개절, 연령, 남녀의 구분 없이 손쉽게 사용할 수 있는 것이 장점이다.
마스크는 얇은 부직포에서뷰터 코튼, 신소재 마스크, 겔 타입, 센서 부착 등으로 진화하고 있으며 피부공학적 연구에 힘입어 새로운 소재들이 눈부시게 발전하고 있다.

패치 타입

패치 타입의 팩은 안면 피부 전체를 도포하는 다른 타입의 팩과 달리 아이 패치나 코팩과 같은 부분용 패치가 대부분이다.
패치는 원하는 국소 부위에 간단히 부착해 사용할 수 있으며 제거가 용이하고 크기가 작아 보관이 용이한 장점이 있다.
콧망울의 피지 제거 및 모공 속 노폐물 제거, 오염물질 제거에 사용되는 코팩은 사춘기부터

청 · 장년층에 이르기까지 애용되고 있으며 특히 피지 분비가 왕성한 사춘기 연령대의 청소년과 20대 초중반의 연령대, 남성층에서 인기를 얻고 있다.
코팩을 사용 후 벌어진 모공을 수렴하고 피부결을 정돈하기 위해 보습 성분을 바르거나 화장수를 적신 차가운 화장솜으로 진정 및 보습하여 피부 늘어짐과 미생물 감염을 막도록 한다.

아이 패치는 눈 주변의 잔주름 방지 및 보습, 영양 공급, 탄력 증가를 위해 사용하는 국소용 눈 전용 패치로 안륜근 하방에 주로 사용한다. 눈에 생기는 잔주름은 연령과 상관없이 과도한 표정근의 사용으로 젊은 피부에도 자주 생기므로 눈가에 탄력이 떨어지고 주름이 생기기 전에 예방 창원에서 꾸준히 아이 패치를 통해 눈가 피부를 관리하면 나이보다 젊은 눈가 피부를 유지할 수 있다.

4-2 기능성 화장품

기능성 화장품은 화장품법에서 명시한 기준에 따라 미백 기능성 화장품, 주름개선 기능성 화장품, 자외선 차단 기능성 화장품 등으로 크게 분류할 수 있다.

기능성 화장품은 화장품의 4대 요건 중 유효성을 강화한 제품군으로 피부에 입증할만한 유효성을 주는 대한민국 공인의 품목 등을 일컫는다.

이는 일반적인 기초 화장품이 피부 청정과 세정, 보습, 피부 보호 등에 주안점을 둔 일반 화장품인데 반해 기능성 화장품은 피부의 적극적인 기능 개선과 노화나 색소 침착 등을 방지하고 완화하는 예방적 효과 뿐만 아니라 노화와 색소침착 등의 기능을 개선하는 기능 강화를 보장한 제품이라 할 수 있다.

기능성 화장품은 약사법에 종속되어 있던 화장품 관련 법률을 화장품법으로 제정되어 발효한 1999년에는 없었던 조항이며, 2000년 7월 1일 화장품산업계의 요청과 사회적 법 정비에 대한 필요성이 부합되어 빛을 보게 된 분야이다.

기능성 화장품의 출범에는 그 당시 레티놀 화장품이라 알려진 제품군에서 치열하게 경쟁하던 화장품 회사들이 각각 자사 제품의 레티놀 함량과 유효성, 흡수성이 우수하다는 제품 홍보를 하며 객관적인 유효성 확보와 공인된 인증제도의 필요성을 소비자가 요구하며 시작 되었다.

당시 글로벌 경쟁력을 갖춘 해외 거대 화장품회사와 견주어 기술 격차를 해소하고 발전과 도약을 위한 국내 화장품 회사들의 R&D 경쟁이 가져온 기술 혁신의 결과이다. 레키놀 화장품으로 상징된 주름 완화 및 노화 방지 화장품의 급격한 매출 확대 후 미백 화장품 분야에서 또다른 선의의 경쟁이 가열되며 국내에서 기능성 화장품이 법적인 지위를 갖고 발매될 수 있었다.

기능성 화장품은 화장품법 제 2조 제2항에서 피부의 미백에 도움을 주는 제품, 피부의 주름 개선에 도움을 주는 제품, 피부를 곱게 태워 주거나 자외선으로부터 피부를 보호하는데 도움을 주는 제품을 지칭한다.

이러한 3범주의 기능성 화장품을 화장품법 시행규칙에 따라 구체적으로 다시 세분하면 다음과 같다.

표 4-5 기능성 화장품의 세부 기능

구 분	세부 기능성
미백	▪ 피부의 멜라닌 색소 침착을 방지하는 제품 ▪ 착색된 멜라닌 색소의 색을 엷게 하는 제품
주름개선	▪ 피부의 주름을 완화 또는 개선하는 제품
자외선 차단	▪ 피부를 곱게 태워주는 제품 ▪ 자외선을 차단 또는 산란시켜 주는 제품

위의 5가지 분류의 요건을 확보하기 위해 식약청에서는 임상 방법과 공인된 결과를 위해 세부 기준을 마련하였고, 백화점 유통 등에서 인기를 구가하며 성장세를 높이던 해외 글로벌 제품들이 이러한 엄격한 기능성 임상 결과를 통과하기 어려운 구조로 인

해 국내에서 국산 화장품이 기술력 개발과 기능성 인증 화장품의 확대로 인한 시장에서의 품질 신뢰를 확보하게 되었다. 이후 한국인에게 매우 친숙한 한방 성분을 함유한 한방 화장품의 개발 및 천연물을 이용한 신소재 개발로 산업 경쟁력을 제고해 아시아권에서 큰 인기를 끌며 한국적 미문화를 전파하는 계기를 만들게 되었다.

기능성 화장품은 미국과 일본, 유럽 등지에서는 기능성 화장품의 범주가 없어 국산 화장품과 같은 기능과 유효성을 국가적 기관에서 인증해 주는 제도가 없으므로 화장품 산업의 고품질화, 고부가가치화를 통한 산업 발전에 일조 하였고, 해외 방문객이 국내 면세점에서 가장 많이 구매하는 국산 품목군으로 부상하는 신뢰의 발판이 마련되었다.

1. 미백 기능성 화장품

우리나라를 포함한 아시아계 민족들은 황인종의 특성으로 자외선 조사량에 따라 큰 폭의 피부색 변화를 보인다. 이는 역사적으로 햇빛을 많이 받아 검은 피부를 갖는 것을 노동 계급이자 사회적 신분이 낮은 것으로 인식하는 문화적 전통이 남아 있으며, 하얀 피부는 귀한 신분이자 뛰어난 아름다움의 상징으로 받아 들이는 집단적 미의식이 전승된 결과이다.

이러한 문화적 집단 의식 속에 우리는 얼굴색이 하얗고 투명하며 맑은 피부를 보면 '귀 티가 난다', '백옥같이 하얀 피부'로 부르며 일본에서는 게이샤의 화장에서 보듯이 지나칠만큼 하얀 피부색의 화장을 통해 여성의 특별한 아름다움을 강조하고 있다.

이런 특성으로 백인 사회가 주류를 이룬 서구 문화에서는 하얀 피부로 가꿔주는 '화이트닝'의 개념보다 피부색을 환하고 깨끗하게 관리하는 '브라이트닝'의 개념이 우선이었으나, 우리나라를 비롯한 아시아권의 황인종 문화에서는 햇빛을 피하기 위해 시종에게 일산을 들게하는 고구려 고분 벽화 속 장면을 비롯해 하얀 피부를 갈망하는 많은 비법과 노하우가 전래되어 왔다.

이런 피부과학적 특성과 문화적, 사회적 욕구에 힘입어 우리나라와 일본 등에서는 서구와 다르게 '미백'에 대한 강력한 연구 동기와 기술개발의 필요성이 대두되어 천연물을 이용한 미백 연구가 전세계에서 가장 활발히 이루어져 왔다.

● 미백 화장품의 작용

미백 기능성 화장품은 자외선을 받아 멜라닌 색소형성 세포가 멜라닌을 만들어 표피의 각질세포에게 전달해 착색되는 기전을 완화하고 예방하며, 일부 성분을 이용한 미백 기전에서는 이미 생긴 멜라닌 색소를 환원해 미백 효과를 볼 수 있는 피부과학적 메카니즘이 작동된다.

인체의 피부색은 인종, 민족, 개개인의 건강 상태, 연령, 자외선 조사량, 노화각질, 생활 습관 등에 따라 다양한 스펙트럼을 보이나 대체로 피부색의 결정 요인에서 가장 큰 요소가 멜라닌 색소의 종류와 활성 여부에 따른 색소 양이라 할 수 있다.

그러므로 피부색을 좀 더 하얗게 관리하고 싶다면 1차적으로 자외선에 조사되는 강도와 빈도를 낮추거나 자외선 차단제를 통해 피부에 자외선이 적게 흡수되는 관리가 우선 시 되어야 한다.

다음으로 멜라닌 색소세포에서 티로신이 티로시나아제의 효소의 작용으로 산화되는 것을 막아주는 것이 필요하다. 티로시나아제의 활성을 막는다면 멜라닌 색소 생성이 어려우므로 매우 효과적인 미백 기전이 될 수 있어 현재 미백 기전 중 가장 많이 활용되는 미백 화장품의 컨셉이다.

이외에도 멜라닌 색소 세포에서 표피의 각질세포로 전달되는 신호 전달물질을 차단하거나 기 배출된 색소가 체외로 빨리 탈락되어 피부색을 환하게 회복 시키는 턴오버 촉진 기능과 피부 표면의 노화 각질을 제거해 보다 환한 피부색으로 표현되도록 하는 방법이 있다.

여기에 비타민 C를 통해 이미 생성된 멜라닌을 다시 환원해 미백 효과를 높이는 기전 등이 대표적 미백 메카니즘이다.

- 미백 기전
  - 1차적으로 자외선을 차단하는 일상적 관리법을 통해 멜라닌 색소의 생성을 방지함
  - 멜라닌 색소세포에서 티로신이 티로시나아제의 효소의 활성을 억제해 멜라닌 색소 형성을 방지함
  - 세포간 신호 전달물질을 차단하여 피부색의 착색을 방지함
  - 기 배출된 색소가 체외로 빨리 탈락되어 피부색을 환하게 회복 시키는 턴 오버 촉진 기능을 통해 피부색의 회복을 빠르게 함
  - 피부 표면의 노화 각질을 제거해 보다 환한 피부색으로 표현하는 브라이트닝 효과를 강화함
  - 비타민 C를 통해 이미 생성된 멜라닌을 다시 환원함

미백 화장품의 주요 성분

미백 기능성 화장품의 주요 성분 중 미백 효과로 공인을 받은 주요 미백 성분은 식약처에서 기능성 고시 원료로 지정되어 있다.

표 4-6 미백화장품의 원료와 배합농도

미백 원료명	작용 기전	배합농도(%)	비고
닥나무 추출물	티로시나아제 활성 억제	2	한지 원료인 닥나무에서 추출
알부틴	티로시나아제 활성 억제	2~5	월귤나무 추출물
유용성 감초추출물	티로시나아제 활성 억제	0.05	감초 추출물
아스코빌 글루코사이드	비타민 C의 안정화를 통한 다목적 미백효과	2	AA-2G, 비타민 C에 글루코스 2개가 연결된 구조
마그네슘 아스코빌 포스페이트	비타민 C 안정화를 통한 미백 효과	3	비타민 C 유도체
에칠아스코빌에텔	비타민 C 안정화를 통한 미백 효과	1~2	비타민 C 유도체

나이아신 아마이드	티로시나아제 억제를 통한 멜라닌 생성 억제	2~5	Vit B3의 일종 2009년 추가
알파 멜라이트 (알파 비사보롤)	티로시나아제 억제를 통한 멜라닌 생성 억제	0.5	칸데이아 식물추출물로 자극이 적음. 2010년 추가

국내에서 배합 금지 미백 원료 중 대표적인 것으로 코직산과 하이드로 퀴논이 있다.

코직산

코직산은 미백 연구에 앞섰던 일본에서 술을 빚는 술도가 종사자들이 신체의 다른 부분은 모두 거칠고 피부색이 어두우나 술을 만들며 많이 사용하는 손의 피부는 유난히 곱고 하얀 색을 띄어 미백 연구를 시작 하게 되었다. 이런 이유로 코직산은 술을 제조하는 누룩의 피부 활성 효과로 피부에 미백을 주는 기전이 일려져 누룩산이라는 별칭으로도 불렸고, 일본을 대표하는 미백 성분으로 널리 활용되었다.

그러나 코직산은 장기간의 사용 시 인체의 장기 중 간에 독성을 일으킨다고 알려지며 우리나라 식약청에 의해 금지 배합 성분이 되었고, 코직산을 많이 함유하였던 일본산 미백 화장품은 국내 시장에서 철퇴를 맞고 이미지 하락을 통해 시장에서 외면받게 되었다.

이러한 코직산의 악영향 이후 국내 화장품 기업은 일본 화장품 업체보다 좋은 이미지와 안전성 확보로 보다 더 효과가 높으면서 피부 자극이 없고 꾸준한 개선 효과를 낼 수 있는 천연물 연구에 박차를 가하게 되었다. R&D에 대한 집중투자로 전통 한방 성분의 개발 및 저자극 천연 미백 신원료 개발을 통한 특허 개발로 미백에 대한 기술 자신감을 높여 갈 수 있었다.

하이드로퀴논

하이드로퀴논은 주로 기미, 주근깨, 검버섯 등의 색소 침착을 완화하고 개선하는 약용 연고에 주로 사용되던 원료로 예전에는 미백 화장품에 많이 함유 되었던 성분이다.

하이드로퀴논은 멜라닌 색수를 형성하는 멜라닌 색소세포에 직접 작용하어 미백 효과는 뛰어나나 그로인한 멜라닌 색소 세포에 독성을 주어 심할 경우 영구한 손상을 줄 수 있으며 세포를 파괴하는 물질이다. 이로 인해 하이드로퀴논이 함유된 화장품의 사용 후 멜라닌 색소세포가 파괴되어 백반증이 유발되는 등의 심각한 피부 장애를 야기하여 국내에서는 인체 안전성을 위해 화장품에 대한 배합이 금지되었다.

우리나라에서는 화장품에서는 배합 금지 원료이나 검버섯 등의 완화를 위한 의약품용 연고로 써 농법적으로 기준 농도만을 허용하는 수준에서 사용되고 있다.

2. 주름 개선 기능성 화장품

주름개선 기능성 화장품은 적극적인 피부의 노화방지를 통해 피부에 생성되는 주름을 완화하고 이미 생긴 주름을 개선하며, 피부의 탄력을 증가시켜 파부의 늘어짐을 완화하고 전반적인 피부 노화를 예방하는 기능을 갖고 있다.

그리하여 주름개선 기능성 화장품은 안티 에이징 또는 노화방지 제품군이라는 별칭으로 불리며 피부 표면에서 보여지는 주름을 개선하면서 동시에 피부 심층부터 전반적인 기능을 개선하는 다기능적 피부 개선을 실현하는 제품이다.

● 주름개선 기능성 화장품의 작용

주름개선 기능성 화장품의 작용은 연령 증가에 따른 자연적 노화와 자외선에 의한 광노화 모두에 적용 가능하다.

노화를 유발하는 요인들은 태양광 노출, 질병 및 건강 악화, 영양 부족, 호르몬 실조, 피부 건조, 피부 신진대사 저하 등이 중요 원인이며 주름이 생성 된 이후에 관리하는 것보다 주름이 생기기 전에 적극적인 예방을 통한 피부 관리가 가장 효과적인 피부 관리 방법이다.

이를 위해 25세 전후로 안면 표정근육의 반복적인 사용으로 생성되는 잔주름을 미연에 방지하고자 가장 안면 근육의 사용 빈도가 높은 눈주변, 입 주변의 얇은 피부 조직에 20대부터 꾸준한 주름개선 기능성 화장품이나 아이제품을 통해 관리 하도록 한다.

주름개선을 위한 작용을 살펴보면 피부 진피층의 구성 성분은 콜라겐, 엘라스틴,

초질 등으로 이루어져 있고, 이러한 진피층의 구성성분을 생성하는 세포가 진피의 섬유아세포이다. 섬유아세포는 콜라겐과 엘라스틴의 섬유성 단백질을 생합성하는 생성장소로 진피 건강의 중요 모체라 할 수 있다.

연령 증가 및 자외선으로 인해 기존의 생성된 콜라겐 섬유와 엘라스킨 섬유가 끊겨 탄력 상실과 주름을 발생 시키며 섬유아세포에는 둔화된 신진대사로 인해 콜라겐 생합성 능력이 저하되어 우리 피부에는 주름과 탄력 저하 등의 노화 증상이 보여진다.

이러한 상황에서 주름개선 기능성 성분은 피부 진피층의 섬유아세포에 작용하여 둔화된 콜라겐 생합성 능력을 촉진하여 진피층의 밀도와 부피를 지탱하고 피부 깊은 곳에서부터 탄력을 서서히 채워주는 역할을 한다.

기능성 화장품에는 미백과 주름개선의 다중 효과를 주는 멀티 기능성 화장품도 있다. 미백과 주름 개선 모두 피부의 노화 및 신진대사 기능 활성과 관련 있으므로 두 가지 기능의 복합적 기능 개선을 위해 사용되는 품목이다.

미백과 주름개선 이중 기능성 화장품은 주로 알부틴-아데노신을 복합 처방한 화장품으로 이들 고시원료를 배합한 화장품은 이중 기능성 인정을 받을 수 있다.

● 주름 개선 기능성 화장품의 주요 성분

주름개선 기능성 화장품의 주요 성분도 식약처의 기능성 고시원료로 지정되어 있으며 아래 표와 같다.

표 4-7 주름개선 기능성 고시원료

주름개선 기능성 원료명	작용 기전	배합 농도
레티놀	진피층의 콜라겐 생합성 촉진	2,500 I.U./g
레티놀 팔미테이트	불안정한 레티놀의 유도체로 안정성 강화 및 콜라겐 생합성 촉진	10,000 I.U./g
폴리에톡실레이티드 레틴아마이드	레티놀에 PEG를 결합하여 유효성분의 흡수 증진 및 안정성 강화하여 콜라겐 합성 촉진	0.05~0.2 %
아데노신	아미노산으로 콜라겐 생합성 촉진	0.04 %

위의 성분 외에도 비타민 C 등은 콜라겐의 생합성 촉진 시 조효소 기능을 통해 주름개선 기능성 원료의 활성을 촉진해 피부 기능 회복을 촉진하는 부가적인 역할을 수행하며, 코엔자임 Q10 등의 성분도 피부 탄력 강화에 도움이 된다.

과일산이라 불리는 AHA 성분은 피부 표면의 노화각질을 박리하고 표피의 각화작용을 촉진하는 턴 오버 효과로 표피의 신진대사를 빠르게 회복시켜 맑은 피부를 유지하게 한다. 이러한 표피의 신진대사 증진 효과를 주는 제품들과 레티놀 계열 및 Vit E 아세테이트 등의 성분을 아침과 밤, 또는 품목과 품목을 구분해 병용해 사용하면 보다 더 다각도의 복합 효과를 얻을 수 있다.

3. 자외선 차단 기능성 화장품

자외선은 태양광선의 일종으로 200~400nm 파장대의 광선으로 파장대에 따라 UV A, UV B, UV C로 구분한다.

UV C는 지구 성층권의 오존층에서 지구 밖으로 방출되어 지상에 조사되지 않으나 만약 지상에 조사될 시 인체에 피부암 등을 유발하는 악영향을 끼친다.

UV A는 장파장의 자외선으로 320~400nm의 파장대를 가지고 있으며 피부 진피층까지 깊이 흡수되어 콜라겐 및 엘라스틴의 변성, 피부 탄력 상실, 주름 생성 등의 피부 노화와 색소 침착 등을 야기하고, UV B는 단파장의 자외선으로 280~320nm의 영역대로 표피층에 흡수되며 일광 화상, 홍반 등을 유발한다.

이러한 자외선의 악영향을 방지하고자 자외선 차단제를 사용하는데 사용되는 성분의 특징에 따라 아래와 같이 분류한다.

- 자외선차단제
  - 자외선 산란제 : 자외선을 물리적으로 산란 (무기원료: 이산화티탄 등)
  - 자외선 흡수제 : 자외선을 화학적으로 흡수(유기원료: 옥틸메톡시시나메이트 등)

자외선 차단제를 사용할 시에는 사용 목적에 따른 자외선 차단지수를 확인 후 선택하며 땀이나 물에 잘 지워지지 않는 워터 프루프 기능을 선택하고 2~3시간마다 균일하게 덧바르도록 한다.

이외에도 선탠 화장품이 자외선 차단 기능성 화장품에 속한다.

선탠 제품은 피부의 자극과 손상 없이 피부색을 건강하게 착색하는 화장품으로 주로 셀프 태닝 제품들이 여기에 속한다.

셀프 태닝 제품에는 디히드록시아세톤 성분이 주성분으로 많이 사용되며 피부의 각질층에만 살짝 색소침착이 일어나도록 하는 기능이 있어 피부에 대한 자외선의 자극과 광노화의 악영향 없이 건강한 구리빛 피부색을 만들어 주는 장점이 있다.

선탠 화장품을 사용할 시에는 균일한 두께로 바르며 바르는 제품양을 일정하게 유지해 도포하고 얼룩이나 자극이 남지 않도록 특히 유의해야 하며 도포 후 손을 깨끗이 씻어 원하지 않는 부위에 색소침착이 일어나지 않도록 유의한다.

● 자외선 차단 기능성 화장품의 주요 성분

자외선 차단제는 자외선을 산란하여 차단하는 무기원료 차단제와 자외선의 화학적 에너지를 흡수하여 피부에 미치는 악영향을 봉쇄하는 유기원료 차단제로 구분할 수 있다.

무기원료 차단제는 자외선 산란제라고 하며 유기원료 차단제는 자외선 흡수제라 부르기도 한다.

자외선 산란제인 무기원료는 피부 표면에 미세 분체가 피막을 형성하여 물리적으로 자외선을 산란시키므로 하얗게 백탁 현상이 일어날 수 있고 사용감이 떨어지나 피부에 대한 사극이 적어 클렌징을 통해 쉽게 제거된다.

자외선 흡수제인 화학적 차단제는 스킨 케어와 같은 뛰어난 사용감이 장점이나 피부에 자극을 유발하는 장단점이 있어 어린이용 선제품이나 피부가 민감한 피부는 화학적 흡수제 위주의 자외선 차단제보다 백탁이 있을 수 있는 자외선 산란제 위주의 선

제품을 선택하는 것이 좋다.

일반적으로 일상 생활용 데일리 케어를 위해서는 SPF 15 미만의 제품을 사용하는 것이 좋으며 레저 활동 및 강렬한 야외 활동 시에는 SPF 30 이상의 제품을 선택하는 것이 무난하다.

일반적으로 고SPF 제품을 선호하는 경향이 있으나 위의 기준 정도의 자외선 차단지수 제품을 2~3시간마다 덧바르는 것이 가장 권장하는 자외선 차단제품의 사용 방법이다.

표 4-8 자외선 차단제 배합농도

자외선 차단 기능성 원료명	배합 농도(%)
글리세릴파바	0.5~3
드로메트리졸	0.5~7
디갈로일트리올레이트	0.5~5
3-(4-메칠벤질리덴)-캄파	0.5~5
메칠안트라닐레이트	0.5~5
벤조페논-3	0.5~5
벤조페논-4	0.5~5
벤조페논-8	0.5~5
부틸메톡시디 벤조일메탄	0.5~5
시녹세이트	0.5~5
옥틸트리아존	0.5~5
옥토크릴렌	0.5~10
옥틸메칠파바	0.5~8
옥틸메톡시신나메이트	0.5~7.5
옥틸살리실레이트	0.5~5
파라아미노안식향산	0.5~5
2-페닐벤즈이미다졸-5 설포닉산	0.5~4
호모살레이트	0.5~10

이산화티탄	25 % 이하
징크옥사이드	25 % 이하
이소아밀-p-메톡시신나메이트	10
비스에칠헥실옥시페놀메톡시페닐트리아진	10
디소듐페닐디벤지미다졸테트라설포네이트	10
드로메틸졸트리실록산	15
디에칠핵실부타미도트리아존	10(최대 배합)
폴리실리콘-15(디메치코디에칠벤잘말로네이트)	10(최대 배합)
메칠렌비스-벤조트리아졸릴테트라메칠부틸페놀	10(최대 배합)
테레프탈릴리덴디캠퍼설포닉산 및 그 염류	10(최대 배합)

4-3 바디케어 화장품

바디케어 화장품은 바디 피부에 사용하는 제품군으로 주로 청정 및 세정 작용과 안면피부보다 건조하고 신진대사가 둔화되기 쉬운 바디 피부의 보습과 보호를 위한 제품이 대부분이다.

이외에 특정 바디 피부인 손과 발을 위한 기능 강화 제품이 있고, 체취 방지를 위한 제품과 바디 피부의 정돈과 균일한 피부색 발현을 위한 바디 전용 피부색 커버 제품 등이 있다.

바디케어 화장품은 바디 워시, 바디 로션, 바디 크림, 피지 억제 및 체취 방지제, 손 · 발전용 케어 제품, 바디 오일, 바디 스크럽, 입욕제, 거품목욕제 등의 품목이 대표적이다.

● 바디 워시

바디 워시는 샤워 클렌져로 불리기도 하는데 전신 피부의 세정 효과와 피지 제거, 각질제거 등의 기능을 담당하는 전신용 세정 품목이다. 부드럽고 미세한 거품을 특징으로 하며, 안면피부보다 피지 분지량이 적고 건조하며 각질이 두꺼운 바디 피부의 특성에 맞게 촉촉하면서 보습 효과를 부여해 주는 것이 특징이다.

동절기보다는 땀이 많이 분비되고 피지 분비량이 많은 하절기에 집중적으로 판매가 되며, 다양한 아로마테라피 효과를 부여하는 향취 또한 구매 시 주요한 선택 포인트가 된다.

● 바디 로션

바디 워시로 전신을 세정 한 후 보습 유지 및 피부결 유지, 광택 및 유연 효과를 위해 사용하는 품목이다. 물기를 제거한 전신 피부에 적당량을 덜어 마사지 하듯이 도포하며, 건조감이 느껴지거나 각질이 두꺼운 부위에는 덧발라 촉촉한 피부결을 유지하도록 한다.

● 바디 크림

바디 로션이 전신에 바르는 액상의 피부 보습 및 보호제라면 바디 크림은 보다 더 확실한 보습감 부여와 유연 효과를 위해 도포하는 크림 타입의 바디용 품목이다. 대체로 바디 로션보다 점도가 높고, 각질이 두꺼운 팔꿈치, 무릎 등의 피부에도 효과적이며, 습한 하절기보다 건조하고 추운 동절기에 사용 빈도가 높다.

전체적으로 전신 피부가 건조한 건성피부나 노화 피부가 동절기에 선호하는 품목이다.

● 바디 오일

바디 로션, 바디 크림 품목처럼 전신 피부에 윤기 부여 및 유연 효과, 피부 보습, 영양 공급 등의 기능을 하는 품목이다. 오일로 구성되어 적은 양으로도 바디 피부를 촉촉하고 부드럽게 가꾸어 주며, 은은한 아로마테라피 효과를 부가적으로 살릴 수도 있다.

마사지 하듯이 전신에 오일을 바르고 미끈거리지 않도록 완전히 흡수시키면 더욱 효과적이며 하절기보다 건조한 동절기에 많이 사용한다.

● 피지 억제 및 체취 방지제

10대 중후반 이후에는 성호르몬의 영향으로 남녀 모두 급격한 피지분비 증가를 경험하게 된다. 이와 함께 액취증이나 강한 체취 등의 문제가 발생되므로 개인 위생 및 원활한 대인관계를 위해 피지 억제제 및 체취 억제제를 사용한다.

바디용 피지 억제제는 목이나 등의 상부, 상완 등의 과다한 피지를 억제하는 기능을 하며, 스프레이나 젤, 스틱, 로션 등의 타입이 다양하게 출시되어 있다.

체취 방지제는 신체에서 나는 냄새를 방지해 주는 품목으로 대표적으로 데오도란트 등의 품목 등이 있다.

● 손 · 발전용 케어 제품

손에 주로 사용하는 핸드 크림과 핸드 로션은 거칠어지기 쉬운 손의 피부를 촉촉하고 부드럽게 가꾸어 주는 국소 전신용 케어 품목이다. 대부분 산뜻한 사용감을 위해 유분감은 적으며 보습 성분은 다량 함유되어 보습 지속성이 좋은 편이다. 발에 사용하는 품목은 풋 크림과 풋 스프레이 등이 해당되며 발의 특성상 각질 제거 효과 및 보습 유지력이 좋고, 일부 제품의 경우 부종 완화, 쿨링 효과, 살균 효과, 보습 효과 등을 볼 수 있다.

● 바디 스크럽

전신 피부의 세정을 위해 세정제 안에 미세 스크럽이 함유된 품목으로 점차 우리나라에서도 널리 유행하고 있다. 거친 마찰을 가해 각질을 벗겨내지 않고 세정제 속에 함유된 미세 스크럽이 피부 표면의 각질을 제거하고 매끈한 피부결을 유지해 주는 것이 특징이다.

대체로 안면 스크럽 제제보다 스크럽의 크기나 강도 등이 강하므로 안면 피부에는 사용 하지 않도록 한다.

● 입욕제

욕조에 입욕제를 혼합한 후 따뜻하게 몸을 담그며 세정과 혈액순환 촉진, 릴렉스 효과를 볼 수 있는 품목이다. 우리나라에서는 바디 워시에 비해 그 사용 빈도가 매우 낮으나 자극 없이 입욕 중에 여러 미용효과를 볼 수 있으며 주로 한방 추출물, 허브, 약재, 아로마테라피 등을 이용한 응용 제품이 인기이다.

● 거품목욕제

입욕제의 종류 중 하나이며 주로 미세하고 풍부한 거품을 통해 입욕 효과를 부여하는 품목이다. 다른 세정 품목의 거품과 달리 거품이 풍부하며 오래 유지되고 피부의 각질 제거 및 보습 유지 등에도 효과적이다.

New Cosmetology

V. 색조 화장품

5-1 색조 화장품의 특성과 분류

색조 화장품은 기초 화장품이 피부의 겉과 속에서 모두 피부 기능을 증진하고 신진대사를 활성하는 기능과 달리 피부 표면에서 주로 피부의 용모 미화를 위해 사용하는 화장품이다.

색조화장품은 주로 피부색을 일정하게 보정하고 잡티를 커버하는 베이스 메이크업 제품과 색채감 부여 및 매력적인 용모로 변화시켜 주는 포인트 메이크업 제품으로 구분 할 수 있다.

표 5-1 색조화장품의 종류

분류	품목	역할
베이스 메이크업	메이크업 베이스	– 안면 전체의 피부색을 고르게 보정 – 색조 화장의 밀착성과 지속성을 높이고 색조 성분의 피부 흡수를 방지함
	파운데이션	– 피부색의 보정 및 잡티 커버 – 피부결 커버 및 투명한 블루밍 효과 부여 – 자외선 차단 효과 – 외부 환경으로부터 수분 유지, 미세 먼지 및 꽃가루 등의 이물질로부터 보호
	파우더 및 투웨이 케익, 팩트 등	– 피부표면의 유분감 완화 및 번들거림 방지 – 블루밍 효과 부여
	치크 케익	– 볼에 혈색 부여 – 전체적인 입체감 부여 – 메이크업의 주요 컨셉에 기여
포인트 메이크업	아이브로우	– 눈썹의 형태 변화 – 전체적인 이미지 좌우
	아이 새도우	– 눈꺼풀에 색채 부여
	아이라이너	– 눈의 윤곽 변화 및 눈의 이미지 변화
	마스카라	– 풍성하고 긴 속눈썹 연출
	립스틱	– 입술에 색채 부여
	립글로스	– 광택감 및 보습 부여
네일 에나멜		– 손, 발톱에 색채 부여

5-2 색조 화장품의 품목

1. 베이스 메이크업

● 메이크업 베이스

메이크업 베이스는 기초 화장품의 사용 후 처음으로 바르는 색조 화장품으로 색조 화장품에 함유된 색채 부여 성분이 피부에 흡수되지 않고 피부 표면에서 피부색을 잘 보정하며 화장의 밀착성과 지속성을 높여주는 효과를 준다.

황인종인 우리나라 여성들은 자신이 가진 고유의 피부색에 따라 그린과 핑크 계열로 크게 구분해 사용할 수 있다.

그린 계열은 피부를 희고 깨끗하게 보정하며 잡티 커버력이 좋은 편이고 붉은 피부색의 보정 효과가 좋아 일반적으로 동양인의 노란 피부색에 잘 부합된다.

핑크 계열은 피부가 희고 잡티가 없으며 깨끗한 피부를 가진 사람이 혈색 부여와 투명한 피부색을 연출하고자 할 때 주로 사용한다.

이외에도 블루계열, 바이올렛 계열, 옐로우 계열, 오렌지 계열 등의 색채를 선택해 사용할 수 있다.

파운데이션 이전에 사용하는 베이스 메이크업 제품은 피부색 표현과 밀착력 있는 피부 표현 효과를 높여주기 위하여 사용하므로 많은 양을 바르기 보다 소량을 2~3회로 나누어 섬세하고 얇게 발라주는 것이 포인트이다.

● 파운데이션

파운데이션은 메이크업 베이스 이후에 바르는 색조 제품으로 피부의 색을 원하는 색으로 표현하며 균일하고 통일감 있는 피부 상태를 표현해 전체적인 메이크업의 완성도를 높이는 역할을 한다.

전체적인 안색 보정과 피부의 잡티 및 미세 결점을 커버하며 윤택한 광택과 투명감 부여 등의 여러 기능을 부여해 준다.

파운데이션은 이외에도 전체적인 얼굴형의 음영 조절로 입체적인 얼굴형으로 보정해 주고, 화사한 이미지를 부여하고 메이크업의 발색효과를 높여주는 기능도 한다.

피부 타입과 사용 목적, 피부 컨디션에 따른 보정 기능 등에 따라 아래와 같이 세분화 할 수 있다.

표 5-2 파운데이션의 종류와 특징

구분	특 징
무스 타입 파운데이션	전용 용기를 통한 미세 거품 타입의 무스 파운데이션은 가벼운 사용감과 투명한 화장톤을 부여해 줌
리퀴드 파운데이션	액상 타입의 파운데이션으로 산뜻한 사용감과 부드럽고 가벼운 결점 커버력을 가짐
크림 파운데이션	리퀴드 타입에 비해 오일 함량이 많고 커버력이 좋으며 두껍게 도포됨 (동절기의 건조한 환경에서 사용하거나 커버력을 높이고자 할 때 애용됨)
스킨 커버	리퀴드나 크림 타입에 비해 함유된 유성 성분이 많고 안료의 양도 많아 무겁고 두껍게 발리나 커버력이 가장 뛰어난 잡티 커버용 제품임 (주로 무대 분장용 제품으로 많이 사용됨)
컨실러	국소적인 잡티, 흉터, 기미 등의 피부 결점을 커버하기 위해 사용하는 품목으로 좁은 부위에 선별적으로 사용할 수 있어 편리함

● 파우더

유성 성분이 많이 함유된 베이스 메이크업 제품의 사용 후 번들거리는 유분기를 제거하고 자연스럽고 화사한 피부색 발현을 위해 베이스 메이크업의 마지막 단계에 사용하는 분체 화장품이다.

피부 표면에 유분감이 있고 번들거리면 외부 미세먼지나 꽃가루 대기 중 오염 물질 등이 쉽게 표면에 부착되어 피부 알레르기와 자극을 유발할 수 있으므로 피부 보호를 위해 파우더 제품류를 이용해 피부 표현을 마무리 한다.

파우더는 무기 분체와 안료를 미세하게 분쇄한 제품으로 페이스 파우더와 파우더를 압력으로 눌러 압착한 콤팩트 파우더나 팩트 등의 품목으로 세분화 할 수 있다.

파우더 제품은 사용 후 페이스 브러쉬를 이용해 가볍게 잔여물을 털어내 밀착감 있는 피부색으로 표현되도록 하며, 시간이 흐를수록 화장이 지워지거나 번들거릴 수 있으므로 자주 화장 상태를 점검해 수정하도록 한다.

가루분의 형태인 페이스 파우더는 유분이 전혀 없는 제품으로 도포 후 가시광선을 미세하게 난반사하여 화사한 피부색으로 표현해 주는 블루밍 효과를 부여하나, 가루날림이 심하고 휴대하기 불편한 단점이 있다.

이러한 단점을 개선하고자 페이스 파우더를 휴대용기에 넣어 간편하게 압착한 형태의 제품이 콤팩트 파우더이다. '휴대가 편리한'이란 뜻이 포함된 콤팩트 파우더는 가루날림 없이 화장의 마무리를 실현해 준다.

팩트는 커버력이 약한 콤팩트 파우더의 단점을 개선해 가벼운 화장 효과와 투명감 있는 피부색 표현, 적정 커버력을 살린 결점 커버 능력을 모두 보유한 품목으로 파운데이션, 파우더의 특성을 모두 담은 제품을 말한다.

이외에 파운데이션으로 사용가능하고 파우더로도 사용할 수 있는 투웨이 케익이 과거에 인기를 얻었으나 자연스럽고 가벼우며 투명한 메이크업을 선호하는 추세로 점차 팩트와 콤팩트 파우더에 밀려 지금은 거의 사용하지 않게 되었다.

2. 포인트 메이크업

● 아이브로우

포인트 메이크업에서 눈 화장이 차지하는 비중이 매우 높다. 마음과 정서를 공유하고 공감할 수 있는 커뮤니케이션의 창구이며, 얼굴의 이미지를 좌우하는 주요 부위이기에 많은 여성들이 눈 화장에 들이는 시간은 가장 많고 여러 가지 품목을 활용한다.

그중 아이브로우는 눈썹의 형태를 수정하고, 개성을 표현하고자 하는 이미지에 맞게 변화시키는 품목으로 자신이 가진 피부색에 따라 갈색, 흑갈색 등의 색채를 이용해 그려준다.

주로 펜슬 타입의 제품을 사용하나 작은 브러쉬를 이용해 분체 제품으로 그려주기도 한다.

눈썹의 형태는 여성의 얼굴 이미지 형성에 주요한 요소이므로 얼굴형, 안면 윤곽 수정 등을 위해 자신에게 어울리는 형태로 그리도록 한다.

● 아이새도우

아이새도우는 눈꺼풀에 색채감과 광택감, 질감을 표현해 주는 제품으로 입체감 부여, 음염 표현, 눈의 표현력 증대 등의 목적으로 이용된다.

주로 자신의 의상과 포인트 메이크업에 사용되는 색채와의 조화를 통해 주력 색깔이 선정되며 아이새도우, 립스틱, 네일 에나멜 등은 서로 비슷한 색채톤으로 통일하여 입체감 있고 세련된 포인트 컬러로 활용한다.

눈 주변 피부는 안면 피부에서 가장 얇고 자극에 약한 피부로 눈꺼풀에 바르는 아이새도우는 특히 예민한 눈주위 피부에 자극이 없고 건조해지지 않도록 표현되어야 한다.

일반적으로 가루 타입의 새도우를 압축한 아이새도우를 많이 사용하나 크림 타입

의 아이새도우, 펜슬타입의 아이새도우, 젤타입의 아이새도우 등의 종류가 있어 원하는 기호에 따라 선택해 사용한다.

● 아이라이너

아이라이너는 또렷한 눈매를 연출하고 눈의 형태에 변화를 주어 화장의 이미지와 개성을 연출하기 위해 주로 사용된다. 전체적으로 눈매의 변화를 줄 수 있어 많이 애용되는 품목이나 안 점막에 가깝게 사용하는 품목의 특성상 피부 안정성과 안점막 안전성이 특히 중요하다.

일반적으로 흑색, 흑갈색, 청색, 그린, 골드, 화이트 등의 색채를 모두 사용하나 주로 한국인들은 검은색을 애용하며 펜슬 타입, 붓펜 타입, 리퀴드 타입, 케익 타입, 크립 타입 등이 있다.

주로 사용되는 펜슬 타입은 쉽게 그릴 수 있으나 지속성이 떨어지고 쉽게 지워지는 단점이 있고, 리퀴드 타입은 또렷한 눈매 연출이 가능하나 재수정이 어려우며 초보자가 사용하기에 어려운 점이 단점이다.

붓펜 타입은 펜슬과 리퀴드 타입의 장점을 결합해 쉽게 그릴 수 있으며 또렷한 눈매 연출이 가능하도록 특화된 타입으로 리퀴드 타입보다 내추럴한 표현력을 가능하게 해준다.

● 마스카라

마스카라는 속눈썹을 풍성하게 하거나 깊이감 있는 눈매 연출을 위해 길이감을 부여하고 아름다운 각도로 속눈썹을 올려주는 컬링 기능으로 아름다운 눈매 연출과 다양한 표정을 가능하게 한다.

마스카라는 립스틱과 함께 여성성을 부여하고 아름답고 우아한 분위기로 여성을 변신시켜 주는 제품이다.

마스카라는 포인트 컬러와의 조화와 개성 연출 등을 고려해 다양한 색상이 출시되나, 일반적으로 한국 여성들은 속눈썹 색깔에 맞춰 검은색, 파란색, 초록색, 보라색 등의 색채를 선호하는 편이다.

마스카라는 아이라이너와 함께 눈의 안점막 가까이에 사용되는 제품으로 특히 피부 안전성과 안점막 안전성이 중요한 품질 요소이다. 그러므로 마스카라를 선택할 때 다채로운 속눈썹에 미치는 효과만을 보고 선택하지 않으며 반드시 자극이 없고 안전성이 높으며 쉽게 지워지거나 눈밑에 그늘을 만들지 않는 제품으로 선택하도록 한다.

● 립스틱

립스틱은 입술에 바르는 제품으로 색채를 발현하는 색소의 함량이 높으므로 경구로 섭취했을 때에도 안전한 믿을만한 브랜드의 제품을 선택해 사용하도록 한다.

립스틱은 나이가 들어갈수록 피부색이 칙칙해지고 어두운 경향을 띄므로 젊고 건강한 시절보다 붉은색을 선호하게 되어 화사한 안색으로의 변신이 가능하게 해준다. 따라서 젊은 층에서는 연한 립스틱이나 글로시한 입술 표현에 주력하게 되고 나이가 들어가며 화사하고 밝은 붉은색을 주로 선택하게 된다.

입술에 직접 사용하므로 립스틱을 바르기 전에 입술에도 충분한 기초 화장품을 도포하고 베이스 메이크업을 꼼꼼히 발라 립스틱의 색상 표현력이 잘 표현되도록 하며 색소가 입술에 착색되지 않도록 유의한다.

립스틱에는 식물성 오일 중 칸데릴라 왁스와 카나우바 왁스 등의 성분을 사용하는데, 이는 융점이 낮아 피부온도에 녹으며 광택감과 윤기를 부여해 줄 수 있기 때문이다. 이외에도 피마자 오일 등과 광택제, 보습제, 합성 에스테르류의 성분도 함께 배합된다.

립스틱은 기능에 따라 오래도록 색상 표현이 유지되는 롱 라스팅 타입과 촉촉한 사용감과 트리트먼트 효과를 부여하는 모이스춰 타입, 산뜻한 사용감으로 번들거리지 않는 매트 타입으로 구분 할 수 있다.

● 립글로스

립글로스는 립스틱의 색상 표현력보다 글로시한 질감과 광택감 부여, 수분 공급 및 오래도록 유지되는 모이스춰라이징 효과를 우선적으로 부여하는 품목이다.

전체적으로 강한 포인트 메이크업 효과를 지향하던 90년대의 화장 패턴에서 가볍고 화사하며 자연스러운 투명 메이크업으로의 트렌드 변화 후 립스틱을 대신하며 대유행을 끌고 있는 품목이다.

립글로스는 깔끔한 피부색 표현 위에 투명하고 광택감 있는 입술 표현 시 매력이 증대 되므로 투명하고 가벼운 베이스 표현이 우선적 주안점이 될 수 있다.

● 네일 에나멜

손톱과 발톱 등의 조갑에 아름다운 색채감을 부여하고 광택감, 윤기, 조갑 보호, 개성 표현 등의 여러 기능을 주는 품목이다.

주로 의상색과 조화를 이루거나 포인트 색채와 개성 표현으로서 활용되므로 조갑에 바르기에 안전하고 잘 벗겨지지 않으며 균일한 피막 형성과 빠른 건조를 통해 아름다운 색채감을 표현할 수 있는 요구 조건이 있다.

또한 수정을 원할 때 쉽게 제거할 수 있고 손발톱에 착색이 되지 않아야 한다.

네일 에나멜을 바르기 전에 베이스 코트를 먼저 발라 색소가 손톱 등에 침투 되지 않게 하며 마지막에 탑코트를 발라 색상 표현 및 광택, 질감 등을 좋게하고 쉽게 벗겨지지 않도록 보호하도록 한다.

New Cosmetology

VI. 헤어 케어 화장품

6-1 헤어 케어 화장품

1. 헤어 케어 화장품의 특징

모발 화장품은 안면 피부보다 피지선이 발달하고 땀이나 피지, 비듬 등의 오염에 쉽게 노출된 두피와 모발을 청결히 하고, 건강하게 보호하며 관리하기 위해 사용되는 제품군을 말한다.

두피에 사용되는 제품들은 피부과학에 입각한 케어가 요구되며 모발에 사용되는 제품들은 다양한 뷰티 서비스적 기능과 연관된 제품들이 많은 편이다.

모발 화장품은 사용 목적과 기능에 따라 세정용 품목, 컨디셔닝 품목, 양모 및 육모 품목, 퍼머용 품목, 염색용 품목, 탈모 및 제모 품목, 헤어 스타일링 품목 등으로 구분 할 수 있다.

2. 헤어 케어 화장품의 분류

우리나라에서는 세정분야의 샴푸시장이 절대적인 마켓쉐어를 형성하고 뒤이어 헤어 스타일링, 컨디셔닝, 트리트먼트, 퍼머넌트제 등의 세부 시장이 뒤를 따르고 있다.

표 6-1 헤어케어의 분류

분류	품목
세정	샴푸, 약용 샴푸
컨디셔닝	린스
트리트먼트	트리트먼트제, 헤어 앰플, 헤어 로션, 헤어 크림, 헤어 오일
양모 및 육모	두피 토닉
퍼머넌트제	퍼머넌트 위이브용 제품
염색제	영구 염색제, 만영구 염색제, 일시적 염색제
탈색제	블리치 제품
탈모 및 제모	탈모제, 제모 왁스, 제모 테이프, 제모 젤, 에어로젤 타입
헤어 스타일링	포마드, 헤어 무스, 헤어 스프레이, 헤어 젤, 헤어 글레이즈, 헤어 왁스, 세팅 로션

3. 헤어 케어 화장품의 품목

● 샴푸

샴푸는 피지선이 발달하여 피지 분비가 과다하고 땀 분비가 많은 두피와 모발의 깨끗함을 유지하고 건강한 피부 컨디션을 유지하기 위한 세정 제품으로 일반적인 샴푸 타입과 특정한 효과를 강화해 두피의 건강을 회복시켜 주는 약용 샴푸 등으로 구분할 수 있다.

샴푸는 모발이 가득한 상태에서 각종 스타일링제의 사용 및 대기 중 오염 물질 및 미세 먼지의 흡착이 용이한 환경의 두피와 모발을 청정하고 세정하기 위해 사용한다. 잘고 미세하며 풍부한 거품 생성력과 피지와 유성 노폐물을 제거하는 능력이 우수하고 두피와 모발의 기능 저하를 유발 하지 않으며 자극이 적어야 한다.

샴푸는 초기에 비누의 형태로 시작해서 파우더 타입의 샴푸제를 거쳐 액상 타입의 샴푸로 진화 하였고 세정 효과로 인해 강염기성을 띄어 모발에 손상을 일부 주었으나 현재는 모발 보호 물질 및 린스, 트리트먼트제의 사용으로 자극은 많이 낮아졌다.

두피에 사용되고 이마와 눈 주변 등 안면 피부에 접하여 사용하므로 피부 안전성 및 눈 점막에 대한 안전성이 우수해야 하며 샴푸 후에도 모발에 손상을 주지 않고 스타일링과 머릿결 관리에 유용하여야 좋은 샴푸이다.

현대 여성들은 잦은 퍼머와 염색, 드라이, 스타일링 기구의 잦은 사용으로 모발이 쉽게 손상받을 수 있는 여건이 되기 쉬우므로 모발의 피지 분비 정도와 모발의 손상

상태, 퍼머나 염색 유무, 두피의 컨디션 등에 따라 적합한 샴푸 타입을 선택해 사용하도록 한다.

일반적 샴푸외에도 지루성 두피, 비듬이 있는 두피, 탈모 및 양모를 필요로 하거나 민감한 두피를 위해 약용 샴푸를 선택해 관리해 준다.

● 헤어 린스

샴푸가 세정 및 노폐물 제거를 위해 강염기성 특성을 띄므로 모발은 필연적으로 약산성 상태로의 회복을 위해 컨디셔닝 제품을 사용해 주는 것이 좋다.

린스는 이러한 모발 컨디션을 빠르게 회복하고 pH의 밸런스를 맞춰주고 정전기를 방지하여 브러싱이 잘되게 하고 보습 및 적당한 광택감 부여 등의 부가 효과를 부여한다.

모발 표면에 얇은 코팅막을 형성해 모발을 보호하며 아름답고 건강한 스타일링이 가능하도록 보조해 주는 기능도 한다.

● 트리트먼트제

헤어 트리트먼트제는 거칠어진 모발 표면에 보습과 영양을 공급하여 빠르게 회복시켜 주는 품목으로 양이온성 고분자 폴리머 등이 함유되어 윤기있고 매끈한 모발결로 가꾸어 준다.

특히 염색과 퍼머, 탈색제 등에 의한 손상 시 반드시 트리트먼트제의 사용을 통해 단시간에 집중적인 모발 트리트먼트를 실시해야 하며 트리트먼트제의 성분으로는 모발의 단백질과 유사한 단백질, 아미노산 성분, 펩타이드 성분, 양이온성 고분자 폴리머, 에스테르류 및 유성 원료, 보습 성분 등이 함유되어 있다.

● 양모 및 육모 제품

모발이 힘이 없고 가늘어지며 숱이 적어질 때 모발의 양모 및 육모 제품을 사용하게 된다.

이는 남성들이 흔히 겪는 탈모 증상을 예방하고 탈모의 초기에 심화되는 탈모를 지연시키고 모발에 영양을 공급하여 모발 성장의 신진대사를 활성화시켜 모발을 튼튼하게 유지 관리하게 해주는 품목이다.

장기간에 걸쳐 두피에 발라 흡수시키고, 유효 성분의 활성을 통한 효과를 주요 기전으로 삼으며, 주로 식물 추출 성분, 한방 성분, 해외에서 공인된 성분 등이 함유된 성분을 주로 사용한다.

남성형 탈모가 남성의 사회적 활동에 큰 저해요인이 되고 경제 활동의 경쟁력을 낮게하며 외모 자신감 및 자아존중감에 부정적 영향을 미치므로 탈모 증후가 예견되는 사람이라면 미리 두피 관리와 양모, 육모 관리에 나서야 할 것이다.

● 퍼머넌트 웨이브용 제품

퍼머넌트 웨이브용 화장품은 흔히 퍼머제라는 약칭으로 불리며 1940년대 미국에서 티오글리콜산을 이용한 퍼머제가 개발되고 1950년대에 시스테인을 이용한 퍼머제가 개발되어 현재까지 일반적으로 두루 사용되는 품목이다.

퍼머제는 제 1제라 불리는 환원제가 모발의 시스틴 결합을 끊어 티올로 전환시키는 작용을 한다. 환원제로 사용하는 성분은 티오글리콜산과 시스테인으로 웨이브의 강약과 자극 유무에 따라 선택해 사용한다. 일반적으로 티오글리콜산은 강한 웨이브 형성이 장점이나 자극과 냄새가 강한 단점이 있으며 시스테인은 자극이 낮고 역한 특이취가 적은 장점 대신 웨이브 형성력이 낮은 단점이 있다.

1제라 불리는 환원제는 공기중의 O_2를 만나면 쉽게 산화되어 침전물을 형성하고 직사광선에도 약하므로 반드시 1제는 공기와 직사광선을 차단하는 환경에서 보관 하여야 한다.

1제는 또한 pH가 9.0~9.5의 강염기를 띄나 간혹 산성 타입으로 제조한 1제도 있다.

2제는 산화제라 하며 티올기를 산화시켜 모발의 원래 시스틴 결합으로 회복해 웨이브가 고정되고 풀리지 않도록 고정해 주는 기능을 한다.

산화제는 일반적으로 브롬산나트륨, 브롬산칼륨, 과산화수소 등이 있다. 전체적으로 2제는 pH가 7.0 인근이며 과산화수소만 pH가 4.0 정도이나 우리나라에서는 모발 손상과 회복의 어려움으로 과산화수소를 거의 사용하지 않고 브롬산나트륨과 브롬산칼륨을 주로 사용한다.

● 염색제

염색제는 멋내기 염색을 위한 염모제와 흰머리 커버용 염모제 등으로 구분 할 수 있다.

대체적으로 염색 효과에 따라 영구 염모제, 반영구 염모제, 일시적 염모제로 구분하여 사용하기도 한다.

우리나라에서 흔히 사용되는 염모제는 영구 염모제로 주로 식물성 염모제, 금속성 염모제, 산화형 염모제 등이 있으며 일반적으로 1제와 2제로 구성된 산화형 염모제를 가장 많이 사용한다.

산화형 염모제는 1제의 염모제와 1제의 산화제로 구성되어 모발에 모피질 부분의 탈색이 일어나고 탈색된 부위에 염료가 들어가 산화 반응을 일으켜 새로운 색채의 모발로 변화할 수 있는 원리이다.

산화형 염모제에는 p-페닐렌디아민, p-아미노페놀, 레조르신 등의 성분이 많이 배합되고 산화제로는 6%의 과산화수소가 주로 사용된다.

반영구 염모제는 1제와 2제의 구분 없이 하나의 제형으로 제조되어 간편하게 모발에 도포 후 사용하는 염모제로 사용이 간편하고 시간이 단축되는 장점이 있으나 염색 효과가 오래 지속되지 않고 3~5회의 샴푸를 통해 색의 변색과 색빠짐이 생기는 염모제이다.

일시적 염모제는 모발에 미세 피막을 형성해 모발색을 표현하는 색소를 표현하는 염모제이다. 모발 자체에 대한 색 변화는 전혀 없으며 피막 형성에 따른 코팅 효과이므로 샴푸 후에 염색이 제거되는 일시적 염모제이다.

전체적으로 바르기 간편한 사용성을 장점으로 1회용으로 새치 커버, 흰 머리 커버를 위해 주로 사용되며 마스카라 타입, 무스 타입, 스프레이 타입, 스틱 타입 등의 제형이 있어 간편하게 부분적으로 머리색을 커버하고자 할 때 주로 사용된다.

● 헤어 스타일링제

헤어 스타일링 제품은 아름답고 개성 있는 헤어 스타일을 연출하고 연출된 스타일을 오래도록 고정하고 유지해 주는 세팅 효과가 주목적인 제품을 말한다.

스타일링을 통해 자유로운 컨셉 연출이 가능하고 샴푸를 통한 제거가 용이하며 모발 자극 및 두피에 대한 자극과 독성이 적어야 하며 모발의 보습과 건강 유지에도 기여를 하며 적당한 촉감 부여와 광택, 윤기 부여, 향취 부여 등의 부가적 기능도 수행해야 한다.

주로 미세 거품 타입의 무스 제형과 젤이나 왁스, 크림 제형 등의 스타일링 제품이 고객들의 많은 사랑을 받고 있다.

이외에도 스프레이 제형, 포마드 등의 제형이 출시 되고 있다.

VII. 향료와 향수

7-1 향수

1. 향수의 정의

향수 'perfume' 의 기원은 라틴어 'per fumum (fume)'에서 유래하였으며 'per fumum' = 'through smoke' 를 의미하는 것으로 고대 종교의식에서 향기 나는 물질을 태운 것이라는 의미이다. 화장품에서 향수는 향료를 에탄올에 녹인 것으로 신체에 적용하여 심신의 조화를 추구하는 제품이다.

● 향수의 구비 조건

① 독특한 향의 특징이 있어야 함

② 확산성이 좋아야 함

③ 강한 느낌과 함께 지속력이 좋아야 함

④ 고객의 욕구를 충족시킬 수 있는 시대성에 부합되는 향

⑤ 조화가 잘 이루어져 개성 있는 향을 느낄 수 있어야 함

2. 향수의 역사

● 고대시대

보이지 않는 신이 공기중에 스며있다고 느꼈던 고대인들은 신과의 교감을 위해서 신성의 형상화된 공기를 통하여 신과 만나려고 하면서 향을 피우기 시작했다.

향수(perfume)란 단어는 라틴어의 per fumu(연기를 통하여)로 이러한 의미를 가지고 있다.

이집트는 의학, 약학, 향수 제조, 미용술을 포함한 과학의 발상지로 최초의 조합향료인 키피(Kyphi; 16가지 허브, 몰약, 헤나, 카나범, 쥬니퍼, 사프란, 건포도 포도주)는 의약, 향, 향수, 해독제, 마음을 가라앉히는 만병통치약 등으로 사용되어졌다.

그리스에서는 방향제 오일과 연고를 사용했으며 꽃으로부터 추출된 향료 선호하였다.

로마인들은 향수사용에 매우 사치스러웠다. 로마인들은 고체연고, 향유, 분말형태의 향수의 세 가지 종류의 향수를 사용하였다. 로마인들은 모발과 의복, 그리고 침대에 방향처리를 하였으며 호화로운 목욕문화, 사치스런 향료 사용에 관심이 많았다.

인도에서는 백단목 샌달우드(Sandalwood)의 세계 최대산지였으며 중국은 사향(Musk), 감귤류(레몬, 오렌지, 만다린)의 원산지였다.

아라비아에서 증류기술의 발전으로 향수의 생산도 훨씬 쉬워졌으며 보관도 용이해졌다.

동서 무역의 중계지로 육계, 후추, 정향, 육두구, 사향, 장뇌, 백단목, 패출리등이

거래되었으며 에센셜 오일, 로즈 워터, 팅쳐 등이 제조되었다.

십자군 전쟁으로 동서 교역이 활발해졌고 포도주에서 알코올 증류에 성공하며, 최초의 알코올 향수인 헝가리 워터가 탄생하였다. 르네상스 시대에 메디치 가문의 주도하에 이탈리아 피렌체와 남프랑스 그라스 지방이 향수의 메카로 발전하였다.

앙리 4세의 프랑스 궁정을 중심으로 사치스런 향문화가 발달하였으며 오 드 코롱(Eau de Cologne)가 유행하였다.(레몬, 네롤리, 베르가못, 라벤더)

근세에 들어 천연향료 제조기술이 발달하고 19세기 중반 이후 합성향료가 발전되면서 20세기의 향료와 향수의 화려한 시대가 도래하게 되었다.

3. 향수의 종류

● 부향률에 따른 분류

방향제품으로 향수는 조합향료를 에탄올에 녹인 것으로 그 부향율에 따라 향을 15~25% 함유한 향수와 오데퍼퓸, 오데토일렛 등과 기타 방향비누, 연향수(縯香水) 등이 있다.

표 7-1 부향률에 따른 향수의 분류

종류	농도	향료	지속시간
퍼퓸(perfume)	가장 짙음	15~25%	6~7시간
오데퍼퓸(Eau de perfume)	중간 타입	9~12%	5~6시간
오데토일렛(Eau de toilet)	가장 많이 애용	5~9%	3~4시간
오데코롱	부담없이 사용	3~5%	1~2시간
샤워코롱	목욕후 사용	1~3%	1~2시간

● 노트(note)에 따른 분류

노트는 단일향료나 조합향료의 후각적인 특징을 표현하는 향수어휘로 여러 의미를 내포한다.

■ 휘발도(Note) 분류

* 1923년 '푸쉬르'에 의한 분류

표시기준 : 증발율의 수치에 따른 표시 [저서:향수]

분류

- Top note : 1~14 (3시간 이내)
- Middle note : 15~69 (6시간 이내)
- Base note : 70~100 (6시간 이상, 며칠 지속)

표 7-2 탑, 미들, 베이스 노트별 특성

상향 Top Note(Head Note)	
특징	차갑거나 뜨겁다. 휘발성이 강하다. 침투가 빠르다. 오일 혼합 시 가장 빨리 향기를 느낄 수 있다.
추출부위	잎, 줄기, 과일 등 에서 추출
사용량	혼합물의 약 20~40% 정도
종류	그레이프 프룻, 오렌지, 티트리, 페퍼민트, 버가못, 만다린, 유카립스, 레몬 등 Citruses 계열
Middle Note(Heart/Body Note)	
특징	블렌딩 시 주요 부분 차지, 따뜻하고 둥글고, 부드럽고, 매끄럽고, 완만한 느낌을 준다.
추출부위	줄기, 꽃 등 에서 추출
사용량	전체 혼합물의 약 40~80% 정도
종류	라벤더, 로즈마리, 캐모마일, 클라리세이지, 쥬니퍼, 제라늄, 마조람, 로즈우드, 파인 등
Base Note(Last Note)	
특징	혼합물의 농도를 진하게 하고 지속성을 증가시킨다. 따뜻하고, 진하며 감정을 안정시키고 마음을 편안하게 진정시킨다. 시간이 경과할수록 숙성된 향으로 변한다.
추출부위	대부분 나무의 껍질, 진, 수액 성분에서 추출
사용량	전체 혼합물의 약 10~20% 정도
종류	벤조인, 패출리, 시더우드, 샌달우드
Fixatives	
특징	Base note 보다 짙고 강하며 혼합물을 피부에 흡수, 정착 시키는 작용을 한다. 향수 제조 시에 사용한다.
추출부위	대부분 뿌리, 나무의 수지에서 발견
사용량	전체 혼합물의 약 5% 이하
종류	베티버 등

표 7-3 향취별 분류

Alliaceous Sulfur	황이 포함되어 ,파,마늘 향을 연상시키는 note
Amber	Ambergris 의 동물 향 뿐 아니라 Vanilla, Labdanum, Coumarin 등의 조합을 연상시키는 note "Oriental"이라고도 한다.
Animalic	동물성 향료 (Musk, Civet, Castoreum, Ambergris) 에서 유래됨. 희석하여 소량 사용하면 풍부하고 따뜻한 느낌을 줌
Anisic	Anise 열매를 연상시키는 note
Balsamic Vanillic	Vanilla 와 같은 달콤하고 따뜻한 느낌의 note
Buttery	버터 특유의 느끼함을 연상시키는 note
Citral	Citral 로 대표되며 레몬의 톡 쏘는 향을 연상시킴
Coniferous Terpene	Pine, Fir 등의 침엽수림의 잎에서 주는 느낌의 note
Coumarin Hay	건초의 향을 연상시키며, 좋은 Fixative로서 현대에 들어와서 매우 중요한 note
Floral	일반적인 꽃 향을 나타냄
Fruity	사과, 복숭아, 딸기 등의 과일향을 표현해주는 note
Green	푸른 초목과 싱그러운 잔디 향을 연상시키며, 주로 Top Note에 사용됨.
Honey	꿀 향기를 연상시키는 note
Marine	시원하면서도 약간 짠듯한 바다와 해초의 냄새를 연상시키는 note
Minty	Peppermint 나 Spearmint 를 연상시키는 note
Mossy Musty	나무이끼에서 주는 눅눅하고 Earthy 한 느낌의 note
Musky	천연사향에서 주는 따뜻하고 Sensual 한 느낌을 주는 매우 중요한 note
Orange Aldehydic	Orange, Metalic, Aldehydic 의 느낌을 주는 note
Orange Blossom	오렌지 꽃향을 연상시키는 느낌의 note
Pyrogenic	강한 발열성을 지닌 note
Rosy	장미향을 연상시키는 note
Rustic	시골풍경을 연상시키는 Aromatic한 느낌의 note
Spicy	Clove, Cinnamon, Pepper 등의 향신료에서 주는 느낌의 note
Woody	나무에서 느껴지는 향을 표현한 note
Zesty	감귤류의 껍질에서 나는 새콤한 느낌을 표현한 note

▪ 천연과 합성향수

향수의 종류는 자연의 꽃 내음을 기초로 한 화향조(花香調, floral perfume)와 조향사의 예술적 창상을 냄새로 창조해 낸 합성 향수가 있다

화향조 향수 중에도 로즈, 라일락, 재스민, 뮤게(은방울꽃)등 단일 꽃 내음의 향수를 싱글 후로랄(single floral)향수라 부르고 꽃 내음을 기초로한 향수를 후로랄 부케(floral bouguet) 향수라 부른다.

합성향수는 조향사의 예술적 재능에 의해 창조된 것으로 많은 제품이 있다. 예를 들면 샤넬 5번(chanel No.5) 등이 있고, 이 외에도 시판되는 향수 등의 대부분이 합성향수에 속한다.

4. 향수의 원료

● 천연향료

천연향료는 식물성 향료와 동물성 향료로 나누어지며 식물성 향료는 약 60과 1,500종의 식물로부터 채취 되어지며 동물성 향료는 몇가지의 희귀한 동물로부터 채취 되어지기 때문에 매우 고가이다. 지금은 합성향료에 의한 대체품으로 그 중요성은 낮아졌지만 지금도 고급 향수에는 빼놓을 수 없는 천연향료이다.

▪ 동물성 향료

① 사향(MUSK)

인도, 티베트, 네팔, 중국북부의 고원지대에 서식하는 사향 누루 생식선이 분비물로서, 이 분비낭을 절제하여 건조시킨 암갈색의 물질이다. 고급조합 보유제로 이용되고 있다.

② 영묘향(CIVET)

이디오피아의 아비시니아 고원에 서식하는 사향 고양이의 암수 꼬리부분의 2개 낭상 분비선에서 추출한 것이다.

③ 해리향(Castrium)

시베리아, 카나다, 북아메리카에 서식하는 비버의 암수 생식선에서 추출하여 건조시킨 것이다.

④ 용연향(ambergris)

인도, 아프리카 일본등 해상이나 해안에서 서식하는 사향고래의 장내에서 생기는 결석을 건조시킨 건조물이다. 결석은 사향고래의 체내에서 직접 추출하는 것과 해상 부유물 또는 해안에 떠다니는 것을 채취하여 이용하는데 건조물을 알코올에 용해하여 고급 조합 향료의 보유제로 이용하고 있다.

▪ 식물성 향료

식물성 향료는 식물의 종류에 따라 채취 부위가 다른데 주로 꽃, 꽃봉오리, 지엽, 줄기, 수피, 열매, 씨, 뿌리이며 잎과 열매를 혼합하여 추출하기도 한다.

이들 식물성 원료 중에서도 가장 최량의 것은 세계의 특정지역에만 분포하고 있다.

식물성 향료로서 약 1,500여종이 이용되고 있다.

● 합성향료

알데히드를 시초로 하는 합성향료는 화학적 공정을 거쳐 천연물질이나 합성물질로부터 얻어진다.

합성향료는 조향사가 이용하는 향료의 범위를 넓게 했으며 경우에 따라서는 라이락, 릴리 오브 밸리 등의 꽃으로부터 얻어질 수 없는 천연의 방향을 구성하는 것을 가능하게 하였다.

현재 향수를 만드는데 있어 합성향료가 차지하는 비율은 대단히 큰 비중을 차지하고 있으며 합성향료 자체의 독자성에 따라 귀중한 보조향료로 이용되고 있다.

합성향료의 가장 중요한 공헌은 천연에 존재 하지 않은 전혀 새로운 향취의 창조를 가능케 한 것이다.

5. 향의 추출방법

에센셜 오일을 얻는 방법은 크게 두 가지인데 하나는 물만을 사용하여 순수하게 100% 에센셜 오일을 추출하는 방법이고 나머지 하나는 알코올이나 기타 유기용매(어떤 특정 물질을 녹여내는 성질을 가지고 있는 액체 원료)를 이용하여 오일을 추출하는 방법이다.

주요한 추출 방법으로는 증기 증류법, 압착법, 에센셜 오일을 녹이는 용매로 사용하는 용매 추출법이 있다. 사용하는 용매의 특성에 따라 냉침법과 온침법과 같은 비휘발성 용매추출과 솔벤트 추출등의 휘발성 용매추출로 세분할 수 있다.

정유의 추출방식
- 증류법(Distillation)
- 압착법(Expression)
- 용매추출법(Solvent extraction)
  - 휘발성용매 추출법
  - 비휘발성용매 추출법
    - 냉침법(enfleurage)
    - 온침법(maceration)

● 증류법(Distillation)

증류는 휘발성액체를 끓는점까지 가열하여 증기로 바꾼 후 그 증발된 물질을다시 냉각 응축시켜 액체로만드는 과정이다. 끓는 점에 따라서 다양한 성분이 시간차별로 분리되어 추출된다 .

5000년 전부터 이용되었던 방법이며 11세기 아랍의 의사인 아비센나(Avicenna, 980~1037)가 장미를 이용하여 오일을 추출하는 방법을 이용하여 재발견한 이후 많이 상용되고 있다.

▪ 물 증류법

식물을 물에 담군 상태에서 낮은 온도와 압력을 끓이면서 오일을 얻는 방식이다. 수증기 증류에 비해서 낮은 온도에서 진행되므로 열에 민감한 열에 민감한 네롤리, 로즈 오일의 추출에 적합하다. 시간이 많이 걸리므로 라벤더 같은 오일은 함유성분인 에스테르가 분해되어 버리므로 부적합하다. (Battaglia, 1995)

▪ 수증기 증류법(Steam Distillation)

증류는 식물에서 에센셜 오일을 분리시키는데 있어서 가장 오래되고 일반적인 사용방법이다.

· 식물의 정유를 함유하고 있는 분비선에서 에센셜 오일을 추출하기 위해서 식물을 건조시키고 자르고 으깨는 준비과정이 필요하다.
· 준비된 에센셜 오일이 함유된 식물의 부분들을 밀봉된 커다란 증류기에 넣고 물을 끓인 수증기가 이 용기를 지나가도록 한다. (가마솥에서 떡을 찌는 원리와 같다.)
· 열과 압력으로 인하여 식물에서 분리된 에센셜 오일분자가 휘발되어 수증기와 섞인 상태가 되면서 증류기의 상층부로 모이게 된다
· 휘발성 정유를 함유한 수증기를 냉각기나선형 튜브를 통과시키게 되면 에센셜 오일분자와 수증기는 냉각과정을 거치고 다시 응축되면서 액체로 변하는 액화현상이 일어나게 된다.
· 액체가 되면서 오일과 물은 서로 섞이지 않기 때문에 오일분자는 물위에 뜨게 되는데 이 오일 분자가 에센셜 오일로 이를 물로부터 분리하여 에센셜 오일을 얻게 된다.
· 이 증류액에는 물보다 비중이 작은 아로마 에센셜 오일이 위에 뜨게 되고 오일보다 무거운

물은 용기의 아래 부분에 모이게 되는데 이것이 플로랄 워터(Floral water) 혹은 하이드로랫(Hydrolat)이다.

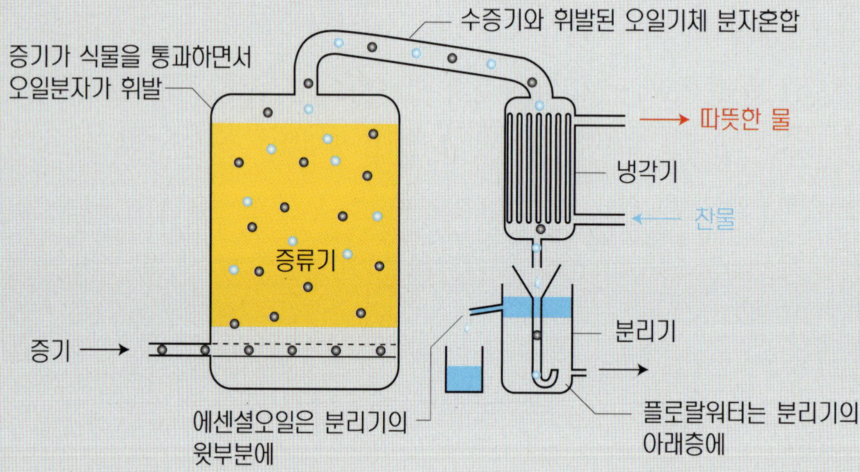

플로랄 워터는 증류과정의 부산물로 1L에 2gm 정도의 아주 적은 양의 에센셜 오일이 분산되어 있다. 플로랄 워터는하이드로랫(Hydrolat), 하이드로졸(Hydrosol)이라고도 하는데 그에 해당하는 에센셜 오일과 유사한 특성을 가지고 있으며 피부에 직접 사용할 수 있다. 스킨 토너로 사용하면 이상적이다.

● 압착법(Expression)

압착법은 허브의 열매, 특히 감귤류의 껍질 등을 직접 압착하여 아로마 오일을 얻는 방법이다. 압착을 할 때 일부 성분이 파괴되는 것을 막기 위해 냉각한 후 압착하기 때문에 "냉각 압착법"이라고도 한다. 이 추출방법은 주로 레몬, 오렌지스위트, 버가못, 그레이프후르트 등의 감귤류 에만 사용되는데, 감귤류의 에센셜 오일은 작은 껍질의 표면 바로 밑에 있는 기름 주머니(sacs)에 존재하므로 간단히 짜내기만 하면 되기 때문이다.

● 휘발성 용매추출법(Solvent Extraction)

솔벤트 추출법은 증기 증류로는 에센셜 오일을 많은 양 추출하기 어려운 경우와 섬세한 향을 그대로 추출하기 위해 사용할 수 있다. 꽃 뿐만 아니라 고무, 수지에 해당되는 에센셜 오일을 추출할 때 사용된다.

▪ 콘크리트(Concrete)

신선한 꽃들을 용기에 넣고 헥산과 같은 휘발성 탄화수소 용매제를 부어주주게되면 천연 꽃잎에서 왁스와 색소, 그리고 약 55% 정도의 에센셜 오일이 혼합된 형태의 반 고형 물질인 콘크리트(concrete)가 형성된다.
45에서 60도의 온도에서 순수한 알코올(에탄올)을 이용하여 빠르게 젓게 되면, 콘크리트가 분해되면서 에센셜 오일은 알코올에 용해되고 소량의 왁스, 지방과 비휘발성 오일만 남게 된다 .

▪ 앱솔루트(Absolute)

왁스는 에탄올알콜에 거의 용해가 되지 않으므로 대부분의 왁스를 제거하기 위해서는 대량의 알코올성 추출용액을 영하 12도로 냉각시킨다. 그런 다음 이 알코올성 용액을 여과하고 압력을 내린 진공 증류기에서 승류에 의해 알코올을 제거하게 되면 최종산물인 앱솔루트라고 불리는 에센셜 오일이 추출된다.
이 방법으로 추출된 오일의 이름에는 "앱솔루트(Absolute)"가 표기된다. 예를 들면 수증기 증류로 얻어진 로즈 오일은 Rose otto 이며 솔벤트 추출로 얻어진 오일은 Rose absolute가 된다. 몇명의 아로마테라피스트들은 솔벤트 추출방법이 앱솔루트에 솔벤드 잔여물이 남게 되고 이것이 피부 자극을 유발한다는 이유로 앱솔루트를 사용하는 것을 선호하지 않는다.

● 비휘발성 용매추출

냉침법(enfleurage)와 온침법(maceration)은 둘 다 지방이 에센셜 오일을 흡수한다는 물리적 사실에 근거해서 이루어진다. 10% 미만의 에센셜 오일들이 지금 이 방법으로 만들어지는데 시간이 많이 걸리고 비용이 많이 든다.

냉침법(Enfleurage)

전통적인 방법의 하나로 현재는 많이 사용되지 않는다.
나무틀에 유리를 깔아 놓은 판에 얇게 지방을 펴 바른 후 이른 아침에 수확한 신선한 꽃을 덮는다.
시들은 꽃잎은 새로 수확한 신선한 것으로 교체되는데, 에센셜 오일성분이 용해되어 포화 될 때까지 이 과정이 매일 혹은 격일로 반복된다. 에센셜 오일이 지방에 포화된 상태로 흡수된 것이 포마드(pomade)이며 알콜을 이용해서 에센셜 오일을 분리, 그리고 알콜을 제거하게 되면 에센셜 오일을 얻을 수 있다.

온침법(Maceration)

마서레이트된 오일은 실제적으로 캐리어 오일에 해당되며 순수한 에센셜 오일이라고 볼 수는 없다. 식물을 잘게 썰어 선플라워(sunflower)오일이나 올리브(olive) 오일에 넣은 후, 수 일간 흔들어 식물 안에 있는 물질을 녹여서 추출해 내는 방식이다.

6. 향수의 제조와 보관

● 향수의 제조

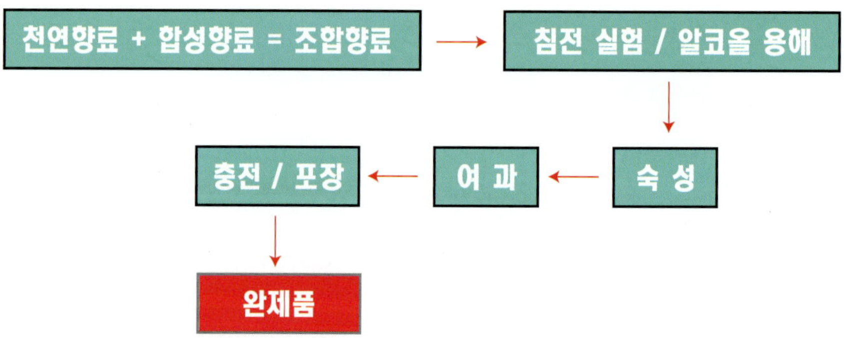

향수의 사용과 보관

향수의 보관법

① 휘발되기 때문에 열, 햇빛, 먼지, 직사광선 피하고 어둡고 통풍이 잘되는 곳에 보관한다.
② 사용 후에는 반드시 뚜껑을 꼭 닫는다.
③ 적정 온도는 13~15℃이다.
④ 향수는 3년 정도 지나면 향이 일부 변형되므로 주의한다.

향수의 사용 방법

① 소량씩 조금씩 여러군데로 나누어 뿌린다.
② 향은 밑에서 위로 올라오는 성질있으므로 스커트 밑단이나 복사뼈 등에 사용한다.
③ 땀, 먼지 제거후 사용한다.
④ 손목, 팔꿈지, 귀 뒤 등에 사용한다.
맥박이 뛰는 곳이 체온이 높아 향기를 잘 퍼지게 하기 때문이다

7-2 아로마테라피

아로마떼라피는 향기가 나는 여러 식물의 꽃, 씨, 나뭇잎, 나무껍질, 뿌리, 열매에서 추출한 정유(essential oil)를 여러 가지 방법으로 이용하므로써 인간의 신체를 비롯 정서에까지 효능을 발휘하는 자연요법중의 한가지 방법이다.

'아로마(aroma)'라는 단어는 향기 혹은 달콤한 냄새 즉 미묘하게 스며드는 특징을 가진 식물 속의 향기, 향료와 기타 물질을 뜻하는 것으로 아로마테라피란 식물이 가지고 있는 독특한 향기를 뜻하는 "아로마(aroma)"와 치유를 의미하는 "테라피(therapy)"의 합성어이다. 즉 향기을 이용하여 치료한다는 뜻이다.

식물을 이용한다는 점에서 허브테라피와 유사하지만 허브테라피가 식물을 전체로 이용하는 것이라면 아로마테라피는 약초식물(herb)의 꽃이나 씨, 나뭇잎, 나무껍질, 뿌리, 열매에서 추출한 향기를 가지고 있는 향분자인 정유(essential oil)만을 이용한다는 점에서 약간의 차이가 있다. 즉 식물에서 얻어진 특정한 성분인 에센셜 오일을 사용하는 보다 농축된 트리트먼트라고 할 수 있다.

다양한 식물마다 가지고 있는 자신만의 향분자(정유)들은 그에 맞는 각각의 효능을 가지고 있어 프랑스의 화학자인 Rene Maurice Gattafosse가 그의 저널과 책(1928년)에 Aromatherpy란 용어를 처음 사용한 이래 점차 우리 신체의 자연 치유력을 보완해주고 우리의 몸(body)과 마음(mind), 정서(spirit)의 균형을 잡고 행복해지기 위한 자연요법의 하나로 자리잡아가고 있다.

마음의 상태는 신체의 상태의 영향을 준다는 것이 보편적으로 이해되면서 현대의 많은 질병은 정신 · 신체적인 요인 때문이라고 여겨지고 있다. 특히 신체 여러 기관 중에서 피부의 상태는 마음의 영향을 직접적으로 반영하는 하나의 거울이라고 할 수 있다.

우리의 부정적인 감정은 스스로에게 상처를 입히고 결과적으로 면역체계를 억압하여 인체를 다양한 여러 질병에 대해 허약한 상태로 노출시키게 된다. 그러므로 아로마테라피는 현대 의학과 대치되는 개념이 아니라 식물이 가지고 있는 에너지를 우리의 신체와 마음에 적용하여 스스로 치유하게 도와주며, 건강하지 못하거나 질병 상태의 원인이 되는 스트레스등 심리적 부분을 터치하면서 건강과 활력을 촉진시키는 것을 도와준다.

에센셜 오일은 일반적으로 우리 신체의 외부로 적용하게 되는데 사용방법으로는 흡입, 목욕, 습포와 마사지등을 포함하여 다양하다. 에센셜 오일은 적당하게 희석하여 사용하는 것이 기본이며 마사지는 신체에 오일을 바르는 가장 우수한 방법으로 아로마테라피의 잠재적 치유능력을 가장 극대화시킬 수 있는 매우 좋은 방법이기도 하다.

종합하면 아로마테라피는 아로마테라피는 식물의 정유를 효괴적으로 사용하여 신체(body)와 마음(mind), 감성(emotion), 그리고 정신(spirit)을 다루는 대표적인 전인적 (holistic therapy)요법이이며 아로마테라피의 가장 중요한 가치는 바로 신체적 건강과 감정적 건강의 상호연관성을 보여주는 것이며 특히 감성적 건강을 신체의 건강의 시작점 혹은 동일시한다는 것이다.

1. 에센셜 오일

정유(essentila oil)란 식물의 특성에 따라 약용식물의 꽃, 잎, 줄기, 열매, 뿌리등 각기 다른 부위로부터 기름을 추출하여 정제한 100% 순수한 천연 오일을 말하며 이들은 휘발성이 강하고 그들 특유의 향과 효능을 가지고 있다.

● 에센셜 오일은 어디에서 만들어지는가?

에센셜 오일은 식물의 생체성분(Vital elemets) 이다. 식물의 호르몬으로도 여겨지는 것으로 에센셜 오일은 식물내의 한 부분이나 여러 부분등 다양한 곳에서 합성되어 자기만의 공간에 저장되어 있는데, 오일의 종류에 따라서 나름대로의 뿌리, 줄기, 잎, 꽃속에 각각 비밀스런 공간을 가지고 있다. 예를 들면, 유칼립투스와 티 트리 오일은 잎 속에 있는 오일 주머니 속에서 생성되어 저장되어 있는 반면 페퍼민트와 클라리 세이지오일은 잎 표면에 존재하는 분비선 속에서 발견된다. 로즈 오일은 꽃잎에서 추출되고, 오렌지는 꽃, 잎, 열매의 껍질에서 각각 추출된다. 펜넬, 코리앤더 등 식물들은 과육이나 줄기, 뿌리보다 씨에 에센셜 오일을 담고 있다.

표 7-4 추출 부위에 따른 에센셜 오일명

추출부위	에센셜 오일명
꽃	자스민, 로즈, 일랑일랑
잎	유칼립투스,티트리
과일	레몬, 만다린
열매	블랙페퍼,펜넬
씨	쥬니퍼
수지	프랑켄센스, 몰약
나무	세다우드,샌달우드
뿌리	진저,베티버
나무껍질	시나몬

오렌지나무는 예외적으로 오렌지 나무 가지,꽃잎, 그리고 과일의 껍질등 3부위에서 에센셜 오일이 추출되며 각각 나른 지료적 특성을 가지므로 각각의 에센셜 오일 이름을 가진다.

- 꽃 – 네로리 오일
- 가지 – 페티그레인 오일
- 과일 껍질 – 오렌지 오일

● 에센셜 오일을 식물에서 어떻게 얻을 수 있을까?

에센셜 오일은 식물의 꽃, 잎, 나무, 그리고 씨 등의 다양한 부위에서 얻어진다.

다양한 방법으로 식물로부터 얻어지게 되는데 주요한 추출 방법으로는 증기 증류법이며 시트러스 오일에는 압착법이 그리고 에센셜 오일을 녹이는 용매로 사용하는 종류에 따라서 냉침법이나 솔벤트 추출등이 다양하게 사용된다.

- 증류법 : 증기증류, 물증류
- 압착법 : 시트러스계의 오일
- 용매추출법 : 비휘발성 용매추출(enfleurage, maceration), 휘발성 용매추출(solvent 용매추출법)

증기 증류법(Steam distillation)

증류는 아마도 식물에서 에센셜 오일을 분리시키는데 있어서 가장 오래고 가장 많이 사용된 방법일 것이다. 에센셜 오일이 함유된 식물의 부분들을 증류기에 넣고 물을 끓인 수증기로 가열하게되면 식물에서 분리된 에센셜 오일분자가 휘발되면서 수증기와 섞인 상태가 되면서 증류기의 상층부로 모이게 된다. 가마솥에서 떡을 찌는 원리와 같다. 그리고 나서 휘발성 정유를 함유한 수증기를 냉각기를 통과시키게 되면 다시 응축되면서 액체인 증류액이 얻어진다. 이 증류액에는 물보다 비중이 작은 아로마 에센셜 오일이 위에 뜨게 되고 오일보다 무거은 물은 용기의 아래 부분에 모이게 되는데 이것이 플로랄 워터이다.

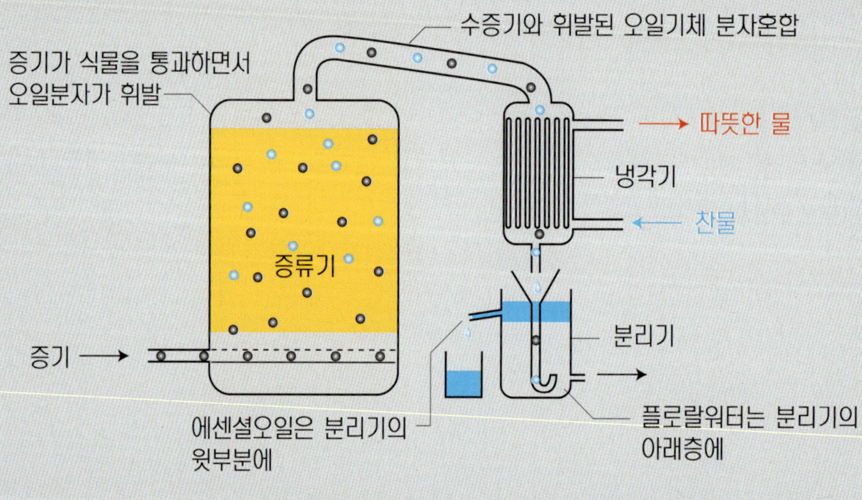

꽃, 잎과 비섬유질의 부분은 경우에 따라서는 증류 전에 약간의 준비단계가 필요하다. 거친 줄기, 나무부분, 뿌리, 씨, 열매 등은 세포벽을 잡기 위해 자르고, 으깨거나 가는 과정을 통해 휘발성이 있는 오일이 쉽게 추출될 수 있게 한다.

플로랄 워터는 증류과정의 부산물로 1L에 2gm 정도의 아주 적은 양의 에센셜 오일이 분산되어 있다. 플로랄 워터는 하이드로졸(Hydrosol)이라고도 하는데 그에 해당하는 에센셜 오일과 유사한 특성을 가지고 있으며 피부에 직접 사용할 수 있다. 스킨 토너로 사용하면 이상적이다. 하이드로졸은 다른 에센셜 오일과 혼합하여 사용할 수는 있지만 캐리어 오일이나 다른 식물성 오일 베이스인 크림과는 혼합되지 않는다. 대부분 투명하지만 연 핑크에서 연 바이올렛까지 연한 색을 띄기도 한다. 어둡고 시원한 곳에 보관하는 것이 좋고 되도록이면 냉장 보관하는 것이 좋아 대부분의 하이드로졸은 2~3년 보관이 가능하다.

■ 압착법(Expression)

이 추출방법은 단지 감귤류에만 사용되는데, 감귤류의 에센셜 오일은 작은 껍질의 표면 바로 밑에 있는 유낭(sacs)에 존재하므로 간단히 짜내기만 하면 되기 때문이다. 압축법은 과일을 작은 바늘이 있는 켄베이어에 넣고 돌리면 껍질에 있는 작은 오일 주머니가 작은 바늘에 의해서 뚫어지게 되는 것이나. 따라서 오일은 간단히 흘러나오게 되며 이를 모아 필터링을 하게 된다. 이 과정에서 휘발성이 있는 분자와 큰 분자(예를 들면 왁스나 다른 물질 등) 모두 최종물질에 포함된다. 또한 냉압축된 감귤류오일은 식물에 존재하는 것과 완전히 동일한 구성으로 추출된다고 알려져 있어서 아주 특별하다. 압축으로 얻어진 오일들은 증류법으로 추출된 오일보다 보존기간이 짧다. 따라서 냉암소에 보관하는 것이 최상이며, 개봉한 지 6개월 이후부터는 변질되기 시작할 수 있다. 압착법은 시트러스군의 오일 – 레몬(Lemon), 버가못(Bergamot), 오렌지(oranage) 같은 식물에서 오일을 얻을 때 많이 사용된다.

■ 냉침법(Enfleurage)

냉침법(enfleurage)와 온침법(maceration)은 둘 다 지방이 에센셜 오일을 흡수한다는 물리적 사실에 근거해서 이루어진다. 10% 미만의 에센셜 오일들이 지금 이 방법으로 만들어지는데 시간이 많이 걸리고 비용이 많이 든다. 대부분의 오일들은 솔벤트 추출에 의해서 오늘날 만들어지고 있다. 그러므로 로즈나 자스민 같은 섬세한 꽃 종류에 한해서 냉침법이 사용된다.
이른 아침에 수확한 신선한 꽃은 나무틀에 유리를 깔아 만든 판에 얇게 지방을 펴 바른 후 깔아놓는다. 이 과정에서 매 24 · 48시간 마다 추출되는 꽃의 특성에 따라 반복적으로 진행됨에 따라 에센셜 오일은 꽃에서 지방으로 옮겨지게 된다. 정확한 시간이 지나면 꽃들은 제거되며 새로 수확한 신선한 것으로 교체되는데, 이 과정이 매일 혹은 격일로 냉침법으로 사용되는 지방에 방향성 성분이 완전히 용해되어 포화 될 때까지 반복된다. 이렇게 얻어진 중간산물을 포마드

(pomade)라고 부르며, 기본적으로 지방과 흡수된 에센셜 오일로 되어 있다.
이러한 포마드는 알콜로 씻겨지는데 이 과정에서 증발하면서 에센셜 오일이 지방으로부터 분리된다. 마지막으로 남은 것이 앤플러라지(Enfleurage)이다.

온침법(Maceration)

마서레이트된 오일은 실제적으로 캐리어 오일에 해당되며 순수한 에센셜 오일이라고 볼 수는 없다. 식물을 잘게 썰어 선플라워(sunflower)오일이나 올리브(olive) 오일에 넣은 후, 수일간 흔들어 식물 안에 있는 물질을 녹여서 추출해 낸 오일을 정유의 효능을 같이 가지고 있다. 이 혼합물은 강한 햇볕에 몇 일간 내놓기 전에 얼마동안 가볍게 잘 흔들어 놓으면, 식물 자체(에센셜 오일을 포함해서)에 있는 모든 용해성 화합물은 캐리어오일로 옮겨지게 된다. 냉침 된 혼합물은 첨가된 모든 식물성 재료들을 제거하기 위해 여과과정을 거치면, 사용된 식물에 따라 추가적인 효능을 지닌 올리브오일이나 해바라기유를 얻을 수 있게 된다.

솔벤트 추출법(Solvent extraction)

솔벤트 추출법은 증기 증류로는 에센셜 오일을 많은 양 추출하기 어려운 경우에 사용할 수 있다. 꽃 뿐만 아니라 고무, 수지에 해당되는 에센셜 오일을 추출할 때 사용된다. 식물의 꽃등을 솔벤트 용액에 담근다 . 솔벤트 용액은 식물의 색이나 왁스 그리고 에센셜 오일을 용해시킨다. 그리고 나서 솔벤트를 휘발시키게 되면 반고체 형태의 물질이 남게 되는데 이를 콘크리트라고 부른다. 콘크리트는 추출되는 식물의 부위에 따라서 식물의 천연 왁스와 에센셜 오일 혹은 수지나 이와 같은 물질들의 혼합물이다. 그리므로 알콜을 사용하게 되면 왁스를 거르게 되고 그 다음 단계로 알콜을 제거하게 되면 "앱솔루트(Absolute)"의 형태의 에센셜 오일이 생긴다. 이 방법으로 추출된 오일의 이름에는 "앱솔루트(Absolute)"가 표기된다. 예를 들면 수증기 증류로 얻어진 로즈 오일은 Rose otto 이며 솔벤트 추출로 얻어진 오일은 Rose absolute가 된다. 몇 명의 아로마테라피스트들은 솔벤트 추출방법이 앱솔루트에 솔벤드 잔여물이 남게 되고 이것이 피부자극을 유발한다는 이유로 앱솔루트를 사용하는 것을 좋아하지 않는다.

· Rose Absolute : 솔벤트 추출
· Rose Otto : 증기 증류 추출

● 에센셜 오일은 어떠한 효과가 있을까?

약용식물의 꽃, 잎, 줄기, 열매, 뿌리 등 각기 다른 부위로부터 추출하여 정제한 100% 순수한 천연 오일인 에센셜 오일은 단순한 천연 향 이상의 치유적 효능을 가지고 있다. 150여 종류의 에센셜 오일들이 추출되고 있으며 화학적, 의학적 효능을 가지고 있지만 에센셜 오일의 화학적 구조에 대해서는 많은 연구결과에도 불구하고 모두가 알려져 있지는 않고 있다. 각각 오일은 100가지 이상의 다음과 같은 화학적 구성 성분들로 이루어진 복잡한 구조를 가지고 있다.

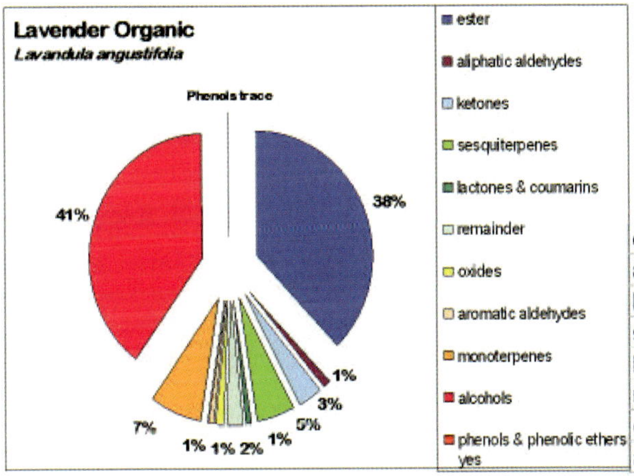

ester	36%
aliphatic aldehydes	1%
ketones	3%
sesquiterpenes	5%
lactones & coumarins	1%
remainder	2%
oxides	1%
aromatic aldehydes	1%
aromatic aldehydes	
monoterpenes	7%
alcohols	38%
phenols & phenolic ethers yes	

*테르펜(Terpenes) *알콜(Alochols) *케톤(Ketones) *에스테르(Esters) *옥사이드(Oxides) *페놀(phenols) *알데하이드(Aldehydes)

그림 7-1 라벤더의 화학적 구성

증류되거나 압착된 에센셜 오일은 주로 산소, 단소, 수소 등의 세 가지 원소를 기본으로 하여 다양하게 조합된 향기분자를 만들어 내고, 그 각자는 기본 구조에 따라 위의 특정 화학 그룹에 속하게 된다.

치료적 효과와 향기의 시너지를 결정짓는 것은 식물의 화학적 요소들의 조합으로 이러한 부분은 합성해서는 모방할 수 없다.

각각의 에센셜 오일들은 이렇듯 자신만의 독특한 화학적 구성성분을 가지고 있는데 이 성분들은 그 식물이 살아가는데 필요한 역할을 해주던 것들이다. 이러한 식물에 유익한 효과들을 인체에 적용할 경우에 역시 진정, 혹은 상승 작용, 통증을 완화시키거나, 호르몬 밸런스 등의 효능을 발휘하게 된다.

에센셜 오일들은 기본적으로 방부작용을 가지고 있으며 각각의 오일들은 또한 개별적 특징을 나타내는데 오일마다 성분들의 조합은 오일의 주요특징을 나타내게 되는데, 예를 들면 카모마일오일의 경우 진정과 긴장이완 의 특성을 그레이프 푸룻인 경우 상쾌하고 기분을 전한시켜주는 오일로, 로즈마리는 자극적이며 활력을 주는 오일이다.약리학적 견지에서 보면 에센셜 오일의 하나하나의 구성 화학성분들이 신체의 화학적 반응을 거쳐서 마치 약과 같은 효과를 보이기도 한다. 그리고 어떤 오일들은 신체 생리학적면에서 예를 들어 로즈오일은 여성 생식계와 유사한 효능을 가지고 있다. 그리고 오일을이 진진정작용을 하기도 하고 우리 신체의 자극하는 작용을 하기도 한다.

에센셜 오일의 기본적 효과는 다음과 같다.

① 체질개선, 혈액정화효과(alterative)

② 항염(anti-inflammatory effect)

③ 항균 항바이러스 효과(anti bacterial and antifungal effect)

④ 수렴작용(astringent effect)

⑤ 위장 내의 가스배출효과(carminatice effect)

⑥ 발한효과(diaphoretic effect)

⑦ 이뇨효과(diuretic effcct)

⑧ 생리촉진효과(emmenagogue effect)

⑨ 거담효과(expectorant effect)

⑩ 상처치유효과(granulation stimulation effect)

⑪ 신경계 조절(nervin effect)

⑫ 진정효과(sedative effect)

⑬ 근긴장완화(spasmolytic effect)

- pharmacological(약리학적) : 정유가 혈류로 들어올 때 호르몬과 효소와 함께 작용하여 인체의 물리적 작용을 일으킨다.
- Physiological(생리적) : 정유는 인체를 진정시키거나 자극시킨다.
- Psychological(심리적) : 정유를 흡입하였을 때 마음과 정서에 영향을 미친다.

● 어떤 에센셜 오일을 선택해야 하는가?

아로마테라피의 효과를 볼려고 한다면 질이 좋은 에센셜 오일을 구입하여 사용해야 한다.

- 에센셜 오일 이름을 확인한다. – 학명으로 표기되어 있는 것을 확인한다.
- 정유의 용기를 확인한다. – 암갈색, 푸른색 불투명한 유리 용기 또는 알루미늄 용기이어야 하고 공기와의 접촉을 최소화 하기 위해 dropper가 있으면 좋다.
- 외관을 꼼꼼히 살핀다. – 액상이냐 고상이냐 색깔이 있느냐 없느냐 이물질이 있느냐 없느냐 등의 외적상태를 살펴본다.
- 생산방법, 추출방법을 확인한다. – 로즈 오토인지 로즈 앱솔루트인지 확인할 필요가 있다.
- 정유의 향을 직접 맡아본다. – 향의 평가 중 가장 중요한 항목으로 향을 직접 또는 손등에 발라서 냄새를 맡거나 blotter paper를 이용하여 향을 평가한다. 오랜 시간과 경험이 필요히디.
- 순도를 확인한다. – 섞은 오일들은 알코올에는 용해도가 좋지 않다. 알코올에 희석할 경우 후 알코올이 탁해지거나 침전물이 발생한다면 불순물이 많이 함유된 것이다. 또한, 순수한 물에 몇 방울 떨어뜨릴 경우 물이 뿌해지거나 녹는다면 유화제가 들어있거나 재정유된 오일이다.

● 에센셜 오일 보관은 어떻게?

우리가 이미 알고 있듯이 에센셜 오일은 휘발성 오일로서 휘발력이 높다. 또한 빛에 매우 민감하다. 그래서 사용하고 보관할 때는 주의가 필요하다.

높은 휘발성 때문에 30℃ 이상의 온도를 피하고 매번 바르거나 맛사지하는 동안에는 언제나 뚜껑을 덮어야 한다. 마개를 꼭 막는 병에 보관해야 한다.

에센셜 오일은 빛에 민감하고 빛이 오일을 파괴할 수 있기 때문에 어두운 병에 보관해야 한다. 폴리에틸렌은 에센셜 오일를 흡수하는 경향이 있기 때문에 에센셜 오일은 반드시 유리 용기에 보관해야 한다. 간단히 말해서 정유는 최고 오랜 보존기간을 위해서는 공기가 통하지 않고 어두운 색의 유리병에 담아 직사광선이 없는 서늘하고 어두운 장소에 보관해 두어야 한다.

좋은 효과를 위해서는 짧은 기간이라도 식물성 캐리어 오일과 섞어서 두면 안된다. 오일의 유효 기간은 3년 정도이고 정유는 순수한 상태대로만 보관하면 감귤류 오일을 제외하고는 장기간 보존된다. 샌달 우드나 세다우드 같은 오일은 시간이 흐를수록 질이 좋아진다.

- 오일분자를 손상시키는 자외선으로부터 보호하기 위해 암갈색의 어두운 병에 보관한다.
- 공기중의 산소와 접촉하여 산화로 인해 변질되는 것을 방지하기 위해 사용 후엔 반드시 마개를 막아 산소와의 접촉을 막는다.(프라스틱이나 합성수지 재질은 피한다).
- 어린이들의 손이 닿지 않는 곳에 보관한다.
- 어둡고 차며 건조한 곳에 보관해야 하는데 열이 에센셜 오일분자에 영향을 줄 수 있기 때문이다.
- 용기를 세척할 때는 꼭 알콜을 사용하여야 한다.(차후 다른 정유를 보관하는 경우를 위해서)

에센셜 오일 사용시의 주의사항

에센셜 오일은 수년 동안 향수, 화장품 그리고 식품에 사용되어져 왔다. 많은 오일들의 안전성과 민감한 부분에 대해서 많은 테스트가 진행되어져 왔다. 에센셜 오일은 농축된 성분으로 적절하게 사용되어졌을 때에는 매우 안전한 물질이지만 적절하게 사용되지 못할 경우에는 우리 신체에 매우 해로울 수도 있는 것이다.

- 원액 사용을 피하며 꼭 희석하여 사용한다.
- 임신 중일때는 에센셜 오일 사용에 주의를 요하며 완전히 사용을 금해야 하는 에센셜 오일도 있다.
- 눈 주의의 직접 사용을 해서는 안되며 희석된 오일도 대부분 눈에 자극을 주므로 눈가 사용은 피하도록 한다. 눈에 닿았을 경우에는 미지근한 물로 깨끗이 씻어낸다.
- 오일 원액이 눈에 들어갔을 경우에는 즉시 차가운 우유나 식물성 오일로 희석시키도록한다. 만일 자극이 가라앉지 않는다면 의사의 도움을 청하도록 한다. 점막에 접촉을 금한다.
- 전문가의 도움 없이는 피부에 정유이 원액사용은 하지 않아야 한다. 만일 피부에 원액이 닿았다면 크림이나 식물성 오일로 희석시킨 후 비누로 씻어 내는 동작을 반복하도록 한다.
- 흡입을 위해 에센셜 오일을 가까이에서 사용할 때 눈을 감는다.
- 신체의 많은 부분에 사용할 때는 항상 반드시 에센셜 오일을 희석된 상태로 사용해야 한다.
- 지나친 양의 정유를 사용할 경우 누농, 구토, 불편감을 느낄 수 있다. 이 경우에는 물을 충분히 마시고 신선한 공기를 마시도록 한다.
- 최면 효과가 있거나 긴장 이완 효과가 많은 에센셜 오일(예: 클라리 세이지)의 사용 직 후에는 운전하지 않도록 주의한다.
- 아이들의 손이 닿지 않는 곳에 보관한다.
- 민감한 피부에 사용할 때에는 주의를 요한다.
- 중환자에게 사용할 때는 의사와 상담이 우선이다.
- 에센셜 오일은 매우 가연성이 높으므로 불 가까이에서 사용하는 것은 바람직하지 않다.
- 에센셜 오일은 절대로 내복해서는 안 된다.
- 환기가 잘 되는 곳에서 사용해야 한다.
- 만일 고객이 예민하거나 알레르기 피부를 가진 경우에는 오일 사용 전에 반드시 피부 테스트를 하도록 한다.
- 특정한 금기 사항에 대해 완전한 이해를 통해서 선택한 에센셜 오일을 사용함에 있어서 신중할 수 있다.

2. 에센셜 오일의 블렌딩

아로마테라피를 실천할 때 정유는 여러 종류를 blending하는 방법이 효과적이다. 개인의 건강, 정신, 피부상태에 맞춰 정유를 3~4 종류 선택하여 혼합하면 화학성분, 사용감 등의 조화로움으로 상승효과를 얻을 수 있다.

synergy효과(상승효과)란 2가지 이상의 에센셜 오일을 섞어 사용할 때 생기는 상승작용을 말하는 것으로 예를 들어 버가못에 티트리를 함께 쓰면 방부성, 지성피부, 여드름, 방광염에 효과적이고 라벤더를 혼합하면 정신적 안정, 근심걱정과 스트레스에 효과적이며, 로즈마리와 함께 쓰면 피로를 없애고 자스민의 경우최 음효과, 항우울, 신경계통 문제에 시너지 효과를 볼 수 있다.

시너지 효과는 19c 프랑스 Piesse에 의해 정립된 것으로 아로마 에센셜 오일의 3가지 노트 즉 상, 중, 하향이 적절하게 조화를 이룰 때 얻을 수 있다. 상, 중, 하향의 이상적인 배합은 1:2:1이다.

● 블렌딩의 목적

· 정유 작용에 있어서 상승효과를 노린다.

· 향기의 밸런스를 조정 한다.

· 향기의 지속시간을 조절한다.

또한, 정유를 블렌딩 할 때 사용목적, 사용방법에 따라 달라질 수 있으므로 정유를 선택하기 전에 한번 더 목적을 확인하고 실천방법이 옳은가를 확인해봐야 한다. 또 사용범위, 사용빈도에 따라 농도를 조정하는 것도 중요하다.

● 블렌딩(Blending)의 방법

▪ 블렌딩 하기 전에 체크해야 할 항목 : 사용목적, 사용방법, 사용범위, 사용빈도

■ 블렌딩 할 때 체크해야 할 항목

· 각각의 정유의 특성 – 상승효과/안전성

· 블렌딩 후의 향기의 밸런스 – 향기의 기호/향기의 휘발속도/향기의 강도

· 궁합 – 작용의 궁합/향기의 궁합

■ 상승효과

정유 개개의 작용을 잘 판단해서 개인 및 목적에 적합한 정유를 선택한다. 1개의 효능만이 아닌 그 정유가 가지는 작용이 사용 시 몸 상태나 체질, 피부에 작용 효과가 있는 정유를 사용한다.

■ 안전성

정유의 사용방법과 작용이 그것을 사용하는 개인에 있어서 충분히 안선한가를 재확인하는 것이 무엇보다도 중요하다. 선택한 정유 중에 작용이 강한 것이 있으면 적은 비율로 블렌딩 한다. 또 습포나 마사지오일등과 같이 피부에 사용하는 경우 민감성피부에 자극이 될 수 있는 것은 사용하지 않거나 저 농도로 해서 사용한다. 또 목욕용으로서 직접 넣어서는 안 되는 정유를 한번 더 확인하고 마사지오일로 사용하는 경우 광독성을 가진 것인지도 확인해 봐야 한다.

· 작용이 강하거나 주의를 요하는 특정작용을 가진 정유 – 로즈마리, 마조람, 클라리 세이지, 시나몬 등
· 피부에 대한 자극성을 고려해야 하는 정유 – 타임, 레몬글라스, 메이창, 시나몬, 클로브 등
· 광독성이 있는 정유 – 버가못, 그레이프 프룻, 비터오렌지 등

■ 블렌딩 후 향기의 밸런스 – 향기의 기호

개인에게 효과적인 정유라도 그 향기에 있어서 혐오감을 느끼는 경우에는 같은 효과를 얻지 못하는 경우가 있다. 향기의 기호는 개인차가 있고, 그 당시의 기분과 몸 상태에도 미묘한 영향을 끼치므로 필요에 따라 정유의 향기를 테스팅 해보는 것이 좋다. 블렌딩 함으로서 향기에 대한 인상이 크게 변할 수 있는 가능성이 있다는 것을 고려해야 한다.

■ 블렌딩 후 향기의 밸런스 - 휘발속도(노트)

탑, 미들, 베이스(Top, Middle, Base)로 분류되는 정유를 적절한 비율로 블렌딩 함으로서 향기의 밸런스, 지속성을 조정하기도 한다. 노트는 정유의 휘발속도를 표시하지만 베이스 노트 로 분류되는 정유는 휘발속도가 느리므로 블렌딩 할 때 Top 또는 Middle의 것과 혼합하여 그 휘발속도를 조절한다

탑(Top)으로 분류된 것은 날카로운 자극, 베이스(Base)는 무겁게 가라앉는 타입의 향기이므로 선택한 정유가 탑(Top)또는 베이스(Base)e인 경우 독특하게 한쪽으로 치우친 향기가 되는 경우가 있다.

물질의 휘발되는 속도는 향의 지속시간을 결정하게 향의 탑, 미들, 베이스 노트를 구분하는 척도가 된다.

표 7-5 탑, 미들, 베이스 노트별 특성

상향 Top Note(Head Note)	
특징	차갑거나 차갑거나 뜨겁다. 휘발성이 강하다. 침투가 빠르다. 오일 혼합 시 가장 빨리 향기를 느낄 수 있다.
추출부위	잎, 줄기, 과일 등 에서 추출
사용량	혼합물의 약 20~40% 정도
종류	그레이프 프룻, 오렌지, 티트리, 페퍼민트, 버가못, 만다린, 유카립스, 레몬 등 Citruses 계열
Middle Note(Heart/Body Note)	
특징	블렌딩 시 주요 부분 차지, 따뜻하고 둥글고, 부드럽고, 매끄럽고, 완만한 느낌을 준다.
추출부위	줄기, 꽃 등 에서 추출
사용량	전체 혼합물의 약 40~80% 정도
종류	라벤더, 로즈마리, 캐모마일, 클라리세이지, 쥬니퍼, 제라늄, 마조람, 로즈우드, 파인 등
Base Note(Last Note)	
특징	혼합물의 농도를 진하게 하고 지속성을 증가시킨다. 따뜻하고, 진하며 감정을 안정시키고 마음을 편안하게 진정시킨다. 시간이 경과할수록 숙성된 향으로 변한다.
추출부위	대부분 나무의 껍질, 진, 수액 성분에서 추출
사용량	전체 혼합물의 약 10~20% 정도
종류	벤조인, 패촐리, 시더우드, 샌달우드

Fixatives	
특징	Base note 보다 짙고 강하며 혼합물을 피부에 흡수, 정착 시키는 작용을 한다. 향수 제조 시에 사용한다.
추출부위	대부분 뿌리, 나무의 수지에서 발견
사용량	전체 혼합물의 약 5% 이하
종류	베티버, 멀

■ 휘발도(Note) 분류

· 1923년 '푸쉬르'에 의한 분류

표시기준 : 증발율의 수치에 따른 표시 [저서:향수]

분류

– Top note : 1~14 (3시간 이내)

– Middle note : 15~69 (6시간 이내)

– Base note : 70~100 (6시간 이상, 며칠 지속)

· 1927년 '사무엘 피에스' 에 의한 분류

향이라는 것은 음악의 화음처럼 각각 독특한 증발 성질을 가지고 있다. [저서 : 향수의 예술]

표 **7-6** 휘발률 〈Evaporation rates(Robert Tisserland 기준)〉

Top note	휘발 속도	Middle Note	휘발 속도	Base note	휘발 속도
Eucalyptus	5	Bergamot	55	Ylang Ylang	91
Camphor	7	Black pepper	60	Jasmine	95
Melissa	17	Hyssop	65	Cedarwood	97
Rosemary	18	Peppermint	70	Rose	99
Cypress	30	Frankincense	76	Myrrh	100
Juniper	30	Basil	78	Patchouli	100
Marjoram	40	Neroli	79	Sandalwood	100
Chamomile	47	Clary sage	82		
		Fennel	85		
		Lavender	85		
		Geranium	87		

▪ 블렌딩 후 향기의 밸런스 – 향기의 강도

정유는 각각 독특한 향기를 가지나 강열한 향기를 가진 것과 비교적 온화한 향기를 가진 것이 있다. 선택한 정유의 비율을 결정할 때는 향기의 강도를 고려해서 조절하는 것도 필요하다.

· 강한 향기
  애니씨드, 블랙페퍼, 캐모마일, 클로브, 레몬글라스, 메이창, 니아울리, 티트리, 일랑일랑, 페퍼민트, 시나몬 등
· 약한 향기
  라벤더, 오렌지 스윗, 그레이프 프룻, 버가못, 로즈우드, 샌달우드, 만다린 등

▪ 상생(궁합)

혼합 시 작용, 향기 등의 그 상생을 고려하는 것이 중요하다. 기본적으로 같은 효과를 가지는 것과 같은 과명, 같은 계통의 향기를 가지는 것은 비교적 상생이 좋은 것이다.

● 작용별

· 거담작용 : 유칼립투스 글루블루스, 유칼립투스 라디에이타, 티트리, 로즈마리 등
· 혈압강하작용 : 마조람, 레몬, 클라리세이지, 이란이란, 라벤더 등
· 혈압상승작용 : 로즈마리 등
· 수렴작용 : 페퍼민트, 사이프러스, 제라늄 등
· 혈액순환 촉진작용 : 오렌지, 레몬, 자몽, 만다린, 마조람, 로즈마리 등
· 소화 촉진작용 : 오렌지, 레몬, 캐모마일 로만, 페퍼민트, 만다린 등
· 항 알레르기작용 : 캐모마일 저만, 라벤더 등
· 항 우울작용 : 오렌지. 제라늄, 클라리세이지, 이란이란, 버가못, 만다린, 장미 등
· 항염증작용 : 캐모마일 저만, 캐모마일 로만, 라벤더, 티트리, 버가못, 유칼립투스글루블러스 등
· 최음작용 : 샌달우드, 클라리세이지, 일랑일랑 등
· 세포성장촉진작용 : 라벤더, 제라늄, 샌달우드, 장미 등
· 자극작용 : 로즈마리, 페퍼민트 등
· 항균작용 : 제라늄, 티트리, 오렌지, 유칼립투스, 레몬 등
· 항 경련작용 : 캐모마일 로만, 캐모마일 저먼, 제라늄, 사이프러스, 일랑일랑, 클라리세이지, 마조람 등

· 진해작용 : 사이프러스, 로즈마리, 샌달우드 등
· 진정작용 : 마조람, 캐모마일 로만, 캐모마일 저만, 라벤더, 제라늄, 샌달우드, 일랑일랑, 버가못 등
· 진통작용 : 마조람, 로즈마리, 캐모마일, 제라늄, 페퍼민트, 라벤더, 유칼립투스 등
· 통경작용 : 마조람, 로즈마리, 장미, 쥬니퍼, 클라리세이지, 사이프러스, 캐모마일 등
· 점액용해작용 : 페퍼민트, 로즈마리 등
· 면역강장작용 : 라벤더, 티트리, 제라늄 등
· 이뇨작용 : 쥬니퍼, 제라늄, 자몽, 레몬, 만다린, 로즈마리, 샌달우드 등

● 향 종류별

* 플로럴(Floral : 꽃 향)
· 특징
– 일반적으로 가격이 비싸다.
– 나무향(wood), 과일향(fruity), 달콤한향(sweet), 바닐라향(vanilla), 곰팡이(musty), 그린향(green)의 향들과 혼합이 잘된다.
– 발삼향(balsamic), 허벌향(Herbal)과 주의하여 사용한다.
· 종류
로즈, 네롤리, 자스민, 일랑일랑, 라벤더, 제라늄, 클라리세이지 등

* 플루티(Fruity : 과일 향)
· 특징
– 가격이 저렴하며 혼합하기가 쉽다.
– 사용량에 제한이 없다.
– 나무향(woods), 발삼(balsamic)향과는 어울리지 않는다.
· 종류
– 오렌지, 레몬, 라임, 그레이프 프룻, 버가못, 만다린 등

* 그린(Green : 녹색 향)
· 특징
– 모든 오일과 혼합이 잘된다.
· 종류
– 페퍼민트, 스피아민트, 멜리사, 페티그레인, 등

* 허벌(Herbal : 약초 향)
· 특징
  – 발사믹(balsamic)과 우드(wood :나무 향)향과 혼합이 잘된다.
  – 꽃 향들과는 주의해서 사용한다.
· 종류
  – 바질, 세이지, 히솝, 로즈마리, 타임, 코리엔더, 마조람, 팔마로사, 진저 등

* 스파이시(spicy : 매운 향)
· 특징
  – 1~5% 정도를 사용한다.
  – 어떠한 성질의 오일과도 흥미롭게 혼합될 수 있으며 또한 혼합을 파괴 할 수도 있다.
· 종류
  – 클로브, 베이, 시나몬, 바질, 타임 등

* 우디(woody: 나무 향)
· 특징
  – 모든 오일과 혼합이 잘 된다.
  – 혼합물을 따뜻하게 하는 효능을 가지고 있다.
· 종류
  – 시더우드, 샌달우드, 프랑킨센스, 사이프레스, 쥬니퍼 등

* 무스티, 얼씨(musty,earthy : 곰팡이향, 흙향)
· 특징
  – 혼합에 농도를 더한다. (사용량 약 3–10% 사용)
· 종류
  – 클라리세이지, 프랑킨센스, 멀, 패촐리, 베티버, 안젤리카 등

* 이그조틱, 센슈얼, 오리엔탈(Exotic, sensual, oriental)
· 특징
  – 과용할 수 있으니 반드시 초과량을 사용하지 않도록 한다. 간혹 구역질이 날 수도 있다.
· 종류
  – 쟈스민, 일랑일랑, 샌달우드 등

* 스윗(sweet : 달콤한향)
· 특징
  – 모든 오일과 혼합될 수 있으며 따뜻함과 혼합물의 완성도를 준다.

– 향이 가벼운 것은 많은 양이 사용될 수 있다.

· 종류

– 마조람, 로즈우드, 카다멈, 벤조인, 등

* 바닐라(Vanilla–y)

· 특징

– 특유한 촉감으로 인해 어떠한 오일과도 잘 혼합된다.

– 사용 시 남용하지 않도록 한다. (약 2~5%를 사용)

· 종류

– 바닐라, 벤조인 등

7-3 향료

향료는 천연 향료, 합성 향료, 조합 향료로 구분 할 수 있다.

천연 향료는 식물성 향료와 동물성 향료로 분류할 수 있으며, 합성 향료는 인위적으로 구현한 향료를 말한다. 조합 향료는 천연 향료와 합성 향료를 목적에 맞게 잘 조합한 향료를 뜻한다.

20세기에 들어서며 향료의 폭발적 수요 증가로 천연 향료의 가격이 상승하고 원료 자체의 수급도 부족하게 되어 천연 향료만으로는 화장품 및 기타 향료 수요를 충족하지 못하게 되었다. 그래서 과학자들은 대량으로 저렴하게 공급할 향료를 연구하게 되었고, 필요에 의해서 합성 향료는 계속하게 등장하며 현대인의 삶을 많이 변화시키게 된다.

합성 향료는 경제적인 가치와 대량 공급 뿐만 아니라 천연 향료에서 만들지 못하는 새로운 향취를 제공하고, 이미지와 개성 창출에 크나큰 공헌을 하게 되어 현재에 이르렀다.

합성 향료는 탄화수소, 알코올, 알데히드, 케톤, 에스테르, 락톤, 페놀, 산화물, 질소함유 화합물, 아세탈, 시프 염기 등으로 나눠 볼 수 있다.

조합 향료는 기본적으로 후로랄, 우디, 시프레, 시트러스, 그린, 푸제아, 오리엔탈, 후루티, 스타이시, 알데히드, 애니멀 등의 향조를 표현하며 이를 혼합한 복합적인 향조로 많이 활용되고 있다.

조합 향료의 눈부신 발전으로 현대인들에게 향을 만드는 조향사는 인기있는 전문직이며, 이의 전문 인력 양성을 위한 전문 학교도 운영되고 있다.

조향사는 천연 향료 500여종, 합성 향료 1000여종을 이용해 이미지에 맞는 향을 창조해야 하며, 개성의 표출과 이미지의 구체화에도 심혈을 기울여야 한다.

조향사는 상품구상, 기술개발 및 창조성 발휘, 시장 정보, 유행을 종합해 구체적인 향기 이미지를 구현한 후 향취의 안전성, 안정정, 기호성, 가격, 상업화 등의 요소를 고려해 신제품을 출시 하여야 한다.

New Cosmetology

VIII. 화장품 산업과 마케팅

8-1 국내외 화장품 산업 현황

1. 화장품 산업 특성

화장품 산업은 융복합 응용과학 + 예술 문화 체험 + 감성 소비의 속성을 함께 가진 산업으로 뷰티 문화와 연관성을 가지고 발전하는 산업이다.

화장품 산업은 제조업 기반의 화학 기술과 피부과학 기술의 토대 위에 인체의 용모를 아름답게 가꾸는 뷰티 산업의 측면과 미적 디자인, 세련미 등이 가미된 예술 · 문화 체험 측면, 미적 욕구를 만족시키는 유무형의 감성 소비 측면을 모두 내포하고 있다.

응용과학 + 예술문화체험 + 감성소비

그림 8-1 뷰티 산업의 3요소

화장품 산업은 화장품 단독의 판매와 관리로 아름다움을 유지하고 피부 건강함을 증진하는 방법보다 피부과, 성형외과, 한의학 등의 의료적 시술과 함께 사용 시 시너지 효과를 볼 수 있고, 신성분 개발 및 인체 메카니즘의 연구에 따른 바이오 산업과 뷰티 서비스 등의 뷰티 관리 시술 기법 및 헬스 분야와의 조화로운 융복합을 통해 더욱 성장 가능성이 높은 산업 분야이다.

2. 화장품 산업의 환경적 특성

● 현대 화장품 산업의 환경 특성

· 미에 대한 욕구와 기대 수준은 결코 낮아질 수 없는 상향성을 추구하므로 향후 지속적 성장을 담보할 수 있음

· 인간의 감성적 욕구를 채워주는 가치들과 관련된 대표적 감성 소비 산업임

· 미에 대한 욕구는 남녀불문, 세대 초월, 보편적 인간 본연의 욕구로 사회 발전에 따라 소멸되지 않고 더욱 확장됨

· 기본적 지식과 기술의 토대 + 유행 민감성 = 트렌드 창출이라는 공식하에 지속적 기술 개발과 혁신이 성공에 중요 요소가 되는 트렌드 산업임

3. 국내 화장품 시장 현황

- 화장품 산업은 한류의 확산과 국산 화장품 브랜드의 인지도 상승으로 국외에서 꾸준한 사랑을 받으며 성장세를 보이고 있다.
- 2011년 KHIDI 보건산업통계집에 따르면 국내 화장품 시장규모는 2006년 5조 6,000억원에서 2011년 8조 9,000억원으로 해마다 연평균 10.3%의 고속성장 증

이다.

- 같은 기간 연평균 국내총생산(GDP) 증가율이 3.5%이고 소매판매 증가율이 6.1%인 것에 비춰볼 때, 세계경제의 불확실성과 내수시장의 포화 상태에서도 국내 화장품 산업은 국내총생산의 1.7배가 넘는 고속성장을 보이고 있다.
- 세계 화장품 시장규모는 2006년 2,063억달러, 2007년 2,163억달러, 2008년 2,251억달러, 2009년 2,331억달러, 2010년 2,422억 달러로 소폭 성장세를 이어가고 있다.

표 8-1 2011년 기준 화장품 시장 규모 (단위 : 억원, %)

구 분	2006년	2007년	2008년	2009년	2010년	2011년
국내 화장품 시장규모	5조 6,000억	4조 3,562억	5조 1,045억	5조 5,341억	6조 3,084억	8조 9,000억
성장률	–	–	–	10.8%	14.0%	14.1%

출처 : 2006~2010년 보건산업통계집(2011. 12), 2011년 데이터모니터(2012) 자료 인용

4. 국내 화장품 산업 생산 실적 및 수출입 현황

- 국내 화장품 생산 실적은 2011년 6조 3,856억원으로 2010년 대비 6.2% 증가하여 최근 3년간(2008~2010년) 매년 10%대 성장률을 기록했던 것에 비하여 성장률 둔화가 나타나고 있다.
- 2011년 화장품 수출은 8억 500만 달러(8,920억원)로 전년 6,902억원 대비 34.8% 증가했으며 수입은 9억 8,900만 달러(1조 958억원)로 전년 대비 16.2% 증가하였다.
- 화장품 수출입 시장에서 뚜렷한 수출 성장세가 지속되고 있어 화장품 수출입 무역수지 적자가 2009년 이후 3년 연속 감소하고 있는 추세이다.

표 8-2 국내 GDP 대비 화장품 산업의 비중 (단위 : 십억원, %)

구 분		2006년	2007년	2008년	2009년	2010년
국내 총생산(GDP)		908,744	975,013	1,026,452	1,065,037	1,172,803
제조업 총생산		220,940	238,611	266,209	266,578	323,050
화장품산업 총생산		3,980	4,074	4,720	5,169	6,015
화장품 산업 비중	국내 총생산 대비	0.44	0.42	0.46	0.49	0.51
	제조업 총생산 대비	1.71	1.71	1.84	1.94	1.86

출처 : 2011년 화장품 산업 분석 보고서, 한국보건산업진흥원(2011. 11)

주) 반올림 적용 수치임

표 8-3 전체 산업대비 화장품 산업 비중 (단위 : 천$, %)

기 준 년 도		2007년	2008년	2009년	2010년	2011년
전체 산업	수출금액	371,489,086	422,007,328	363,533,561	466,383,762	555,213,656
	전년대비 증감률	13.79	13.6	−13.86	28.29	19.0
	수입금액	356,845,733	435,274,737	323,084,521	425,212,160	524,413,090
	전년대비 증감률	15.34	21.98	−25.77	31.61	23.33
화장품 산업	수출금액	304,067	363,810	423,230	761,051	775,074
	전년대비 증감률	8.48	19.65	16.33	79.82	1.84
	수입금액	751,818	845,991	833,947	1,004,193	1,159,404
	전년대비 증감률	9.7	12.53	−1.42	20.41	15.46
전체산업 대비 화장품 산업비율	수출비율	0.08	0.09	0.12	0.16	0.14
	수입비율	0.21	0.1	0.26	0.24	0.22

출처 : 대한화장품산업연구원(2012. 6)

주) 전년대비 증감율(%), 전체 산업대비 화장품 산업 비율(%)의 경우 소수점 3째자리에서 반올림한 수치임

표 8-4 국가별 수출 현황 (단위 : 천$, %)

국가명	2010년		2011년		증감률
	금액	점유율	금액	점유율	
중국	324,717	42.70	200,280	25.80	-38.32
일본	75,969	10.00	113,625	14.70	49.57
홍콩	60,242	7.90	94,146	12.10	56.28
대만	51,611	6.80	64,500	8.30	24.97
미국	49,098	6.50	62,617	8.10	27.53
태국	43,382	5.70	58,827	7.60	35.60
싱가포르	23,466	3.10	31,395	4.10	33.79
말레이지아	30,553	4.00	29,898	3.90	-2.14
베트남	27,669	3.60	20,446	2.60	-26.11
이란	10,563	1.40	13,506	1.70	27.86
몽골	6,529	0.90	9,816	1.30	50.34
러시아연방	6,514	0.90	8,282	1.10	27.14
호주	6,909	0.90	8,086	1.00	17.04
인도네시아	4,713	0.60	7,393	1.00	56.86
필리핀	4,067	0.50	5,931	0.80	45.83

출처 : 대한화장품산업연구원(2012.6)

표 8-5 국가별 수입 현황 (단위 : 천$, %)

국가명	2010년		2011년		증감률
	금액	점유율	금액	점유율	
프랑스	240,431	23.9	300,601	25.9	25.03
미국	262,589	26.1	297,325	25.6	13.23
일본	210,807	21.0	220,772	19.0	4.73
이탈리아	41,651	4.1	53,175	4.6	27.67
태국	46,169	4.6	49,499	4.3	7.21
영국	40,354	4.0	48,767	4.2	20.85
독일	29,158	2.9	36,680	3.2	25.80
캐나다	26,535	2.6	27,364	2.4	3.12
중국	16,002	1.6	18,708	1.6	16.91
벨기에	12,205	1.2	15,210	1.3	24.62
스위스	10,487	1.0	14,798	1.3	41.11

스웨덴	13,009	1.3	12,852	1.1	-1.21
아일랜드	2,330	0.2	11,648	1.0	399.91
스페인	13,823	1.4	10,984	0.9	-20.54
호주	7,194	0.7	9,514	0.8	32.25
말레이지아	6,170	0.6	5,883	0.5	-4.65
싱가포르	2,334	0.2	2,757	0.2	18.12
이스라엘	1,241	0.1	2,753	0.2	121.84
인도네시아	1,618	0.2	2,599	0.2	60.63
필리핀	1,949	0.2	2,594	0.2	33.09
폴란드	1,507	0.2	2,463	0.2	63.44
뉴질랜드	1,353	0.1	1,854	0.2	37.03
모나코	3,416	0.3	1,764	0.2	-48.36
홍콩	665	0.1	1,568	0.1	135.79
대만	1,595	0.2	1,504	0.1	-5.71
인도	1,158	0.1	1,135	0.1	-1.99
칠레	3,565	0.4	862	0.1	-75.82
멕시코	939	0.1	707	0.1	-24.71
오스트리아	763	0.1	700	0.1	-8.26
체코공화국	681	0.1	538	0.046403	-21.00

출처 : 대한화장품산업연구원(2012.6)

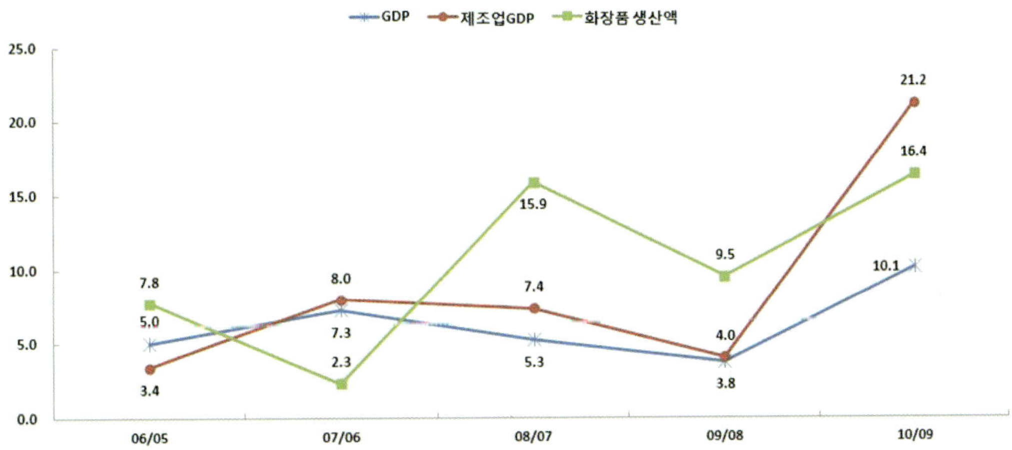

출처 : 2011년 화장품 산업 분석 보고서, 한국보건산업진흥원(2011.12)

그림 **8-2** 2009년 대비 2010년 성장률

- 2010년 현재 식품의약품안전청에 등록된 국내 화장품 제조업체 수는 882개임
- 제조업체 수는 전년대비 105개, 생산업체 수는 전년대비 65개가 증가했으며, 제조업체 연평균 증가율이 생산업체 연평균 증가율보다 높았음 (제조업체와 실생산업체가 다른 것은 화장품 제조업이 신고제라 무실적 기업이 다수 존재하는 현실 때문임)
- 화장품 품목 수는 2010년 85,533개로 2009년에 비해 9,434개 증가함
- 2007년~2010년 연평균 18.4%로 지속적으로 증가하고 있음
- 화장품 수입업체 수는 2010년 1,105개로 전년대비 354개소 감소함
- 수입업체 수는 2007~2008년에 비하여 2009년에 크게 증가하다 2010년 다시 감소하며 연평균 1.2%의 마이너스 성장률을 보임

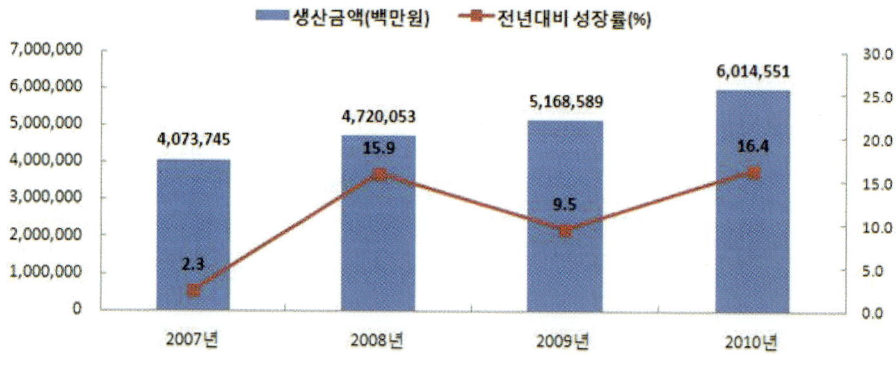

출처 : 2011년 화장품산업 분석 보고서, 한국보건산업진흥원(2011.12)
원자료 출처 : 대한화장품협회 화장품생산실적자료 각 년도
주) 한국보건산업진흥원에서 화장품생산실적자료를 가공함

그림 8-3 국내 화장품 생산 현황

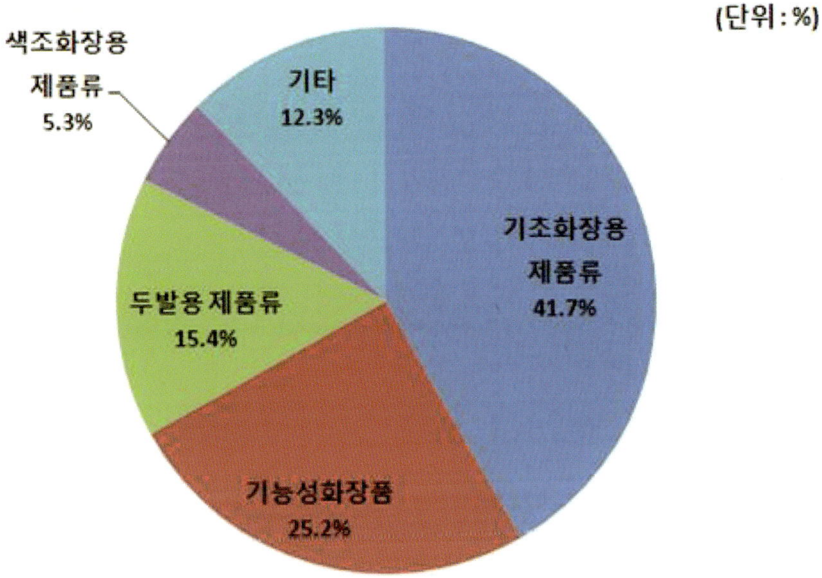

출처 : 2011년 화장품산업 분석 보고서, 한국보건산업진흥원(2011. 12)

원자료 출처 : 대한화장품협회 화장품생산실적자료 각년도

주) 13개 유형중 비중이 5% 이하인 유형은 기타로 분류함

그림 8-4 2010년 기준 화장품 유형별 시장 현황

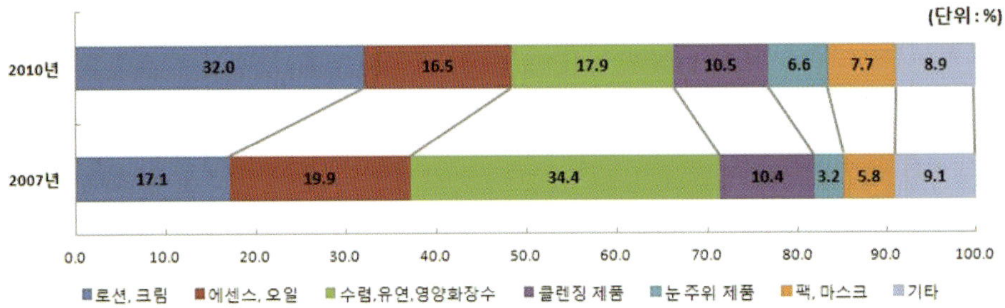

원자료 출처 : 대한화장품협회 화장품생산실적자료 각년도

주1) 한국보건산업진흥원에서 화장품 생산실적 자료를 가공함

주2) 기초화장용 제품류 세부유형별 비중이 5% 이하인 유형은 기타로 분류함

주3) 2010년 '화장품법 시행규칙'의 개정에 따른 화장품 유형이 확대됨에 따라 '손발의 피부연화제품'이 기초화장용 제품류의 세부유형으로 추가됨

그림 8-5 2010년 기준 기초화장용 제품류 세부유형별 점유율 현황

- 가장 큰 비중을 차지하는 기초화장품 제품류는 로션, 크림류가 대폭 성장해 32.0%로 1위이고 에센스, 오일류 16.5%, 화장수류가 17.9%로 3위를 차지하고 있다.
- 기능성화장품 제품류에서는 자외선차단제가 31.1%로 가장 큰 비중을 차지하고 있으나 감소세가 뚜렷하고, 다음은 복합유형 기능성 제품류가 27.5%로 큰 폭의 성장세를 보이고 있으며, 주름개선 제품류가 22.5%로 세 번째 순위를 보이고 있다.

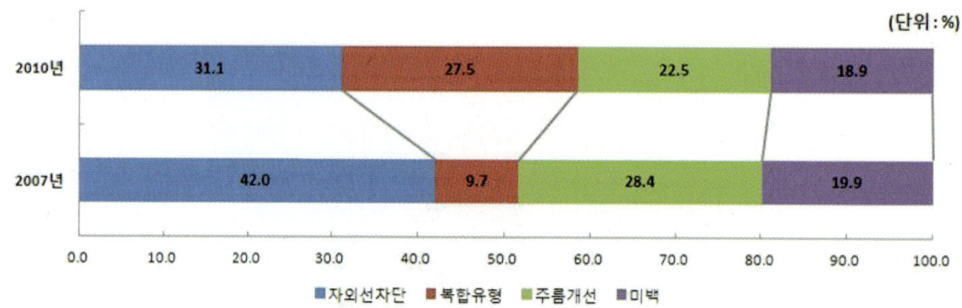

출처 : 2011년 화장품산업 분석 보고서, 한국보건산업진흥원(2011. 12)

그림 **8-6** 2010년 기준 기능성화장품 세부 유형별 시장 점유율

- 헤어케어 시장은 생필품으로 자리한 샴푸-린스류가 75.9%로 독주를 보이고 있으며, 소폭이지만 헤어스타일링 제품류가 5.5%로 마켓쉐어를 늘려가고 있는 추세이다.

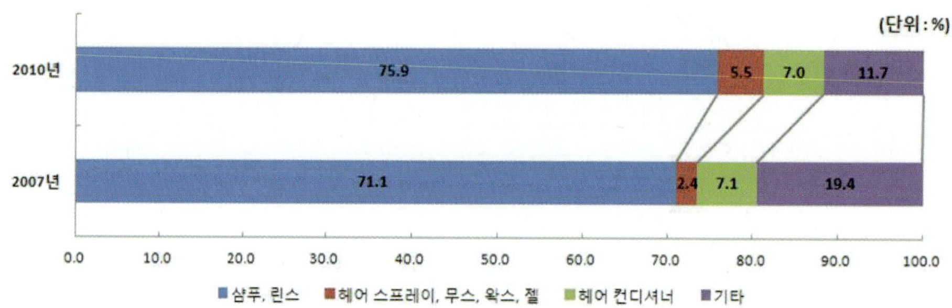

출처 : 2011년 화장품산업 분석 보고서, 한국보건산업진흥원(2011. 12)

그림 **8-7** 2010년 기준 헤어케어화장품 세부유형별 점유율 현황

- 색조화장품 제품류에서는 페이스파우더군이 22.8%로 비중 1위이나 감소세가 뚜렷하고, 립스틱류가 22.3%, 립글로스류가 16.9%로 뒤를 잇고 있다.
- 메이크업의 전통적 강자였던 베이스 화장품류(페이스 파우더류, 메이크업 베이스류, 파운데이션류)가 39.2%로 대폭적인 감소세를 보이고 있는 반면, 입술 화장품류(립스틱류, 립글로스류)는 품목 수가 적음에도 39.2%로 무서운 성장세를 보이고 있다.

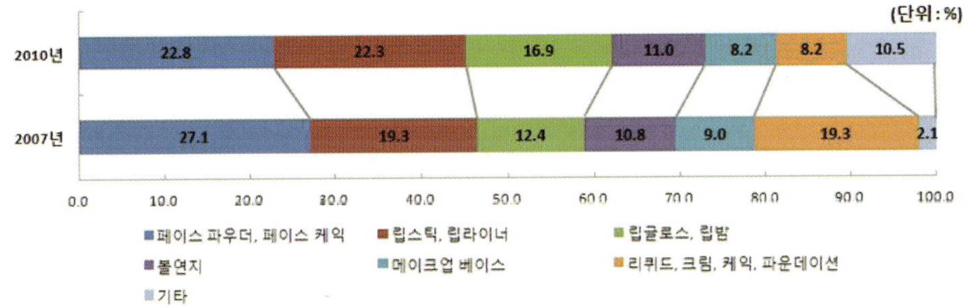

출처 : 2011년 화장품산업 분석 보고서, 한국보건산업진흥원(2011.12)

그림 8-8 2010년 기준 색조화장품 세부 유형별 점유율 현황

- 손 · 발톱용 네일 케어 시장은 네일 폴리시 제품류가 65.6%의 비중으로 1위이며, 리무버 제품류가 15.9%, 네일 케어 제품류가 9.4%로 그 다음으로 나타났다.
- 손 · 발톱용 제품류에서 단순 네일폴리시 시장의 퇴조 현상과 함께 손 · 발톱의 영양과 건강함을 가꾸는 네일 케어 시장의 변화 분위기를 감지할 수 있다.

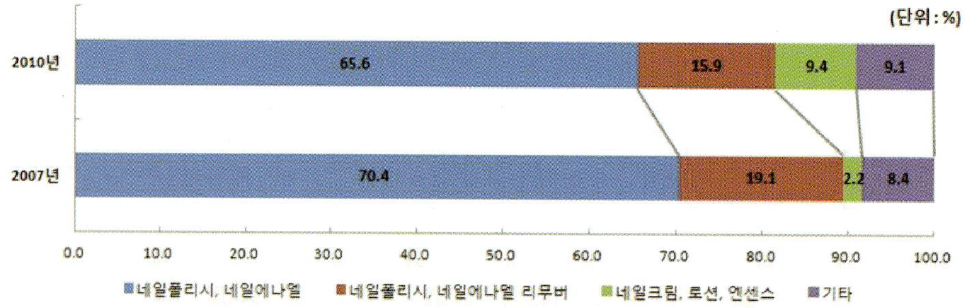

출처 : 2011년 화장품산업 분석 보고서, 한국보건산업진흥원(2011. 12)

그림 8-9 2010년 기준 손 · 발톱용 화장품 세부 유형별 점유율 현황

- 목욕용품 제품류는 목욕용 오일 제품류가 30.1%, 목욕용 염류가 18.5%, 바블바스가 14.0% 순으로 나타났다.
- 이는 목욕용 단순 세정제보다 입욕제의 성장세를 보여주는 것으로 세정 위주의 목욕문화에서 일상의 릴렉스와 바디 피부의 건강을 케어하는 바디 헬스 뷰티로의 변화를 알려주는 추세이다.

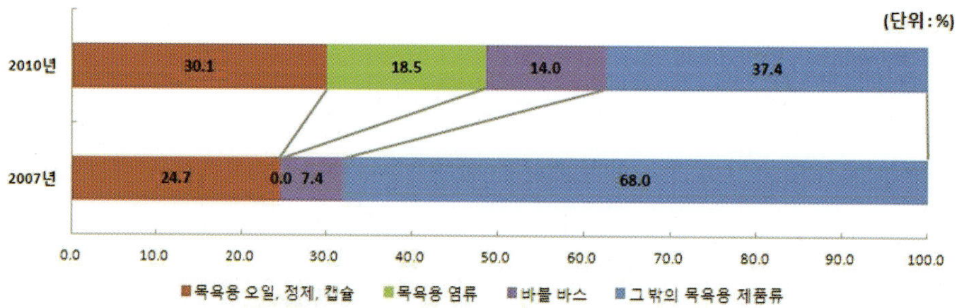

출처 : 2011년 화장품산업 분석 보고서, 한국보건산업진흥원(2011. 12)

그림 8-10 2010년 기준 목욕용품 세부 유형별 점유율 현황

- 2010년 화장품 원료 수입금액은 1억 4504만 달러로 전년 대비 22.6% 증가 하였고, 화장품 수입 금액은 8억 5108만 달러로 전년대비 21.2% 증가 하였다.

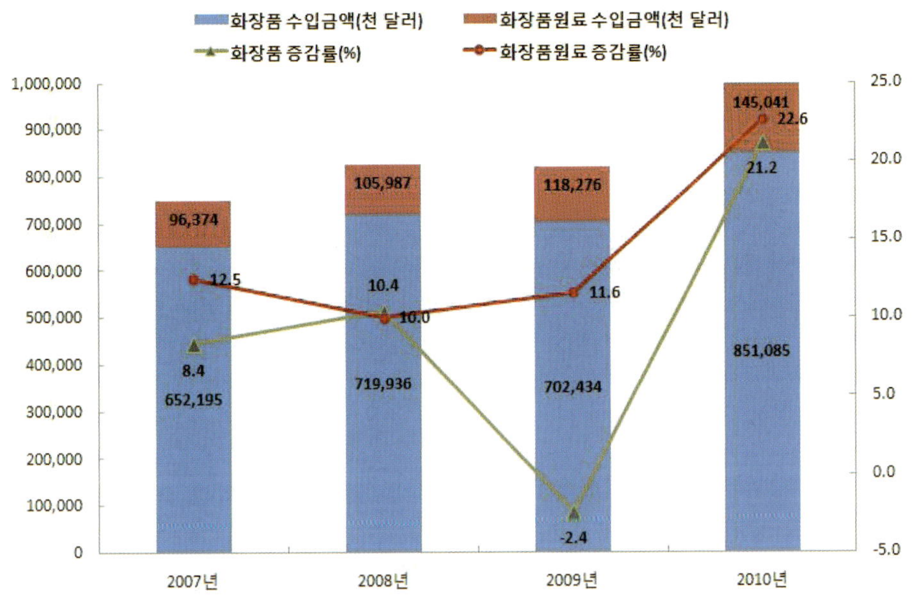

출처 : 2011년 화장품산업 분석 보고서, 한국보건산업진흥원(2011. 12)

그림 8-11 연도별 화장품 및 화장품원료 수입 현황

- IMF 이후 국내 화장품 시장의 유통 및 성장 추이를 살펴보면 아래와 같음

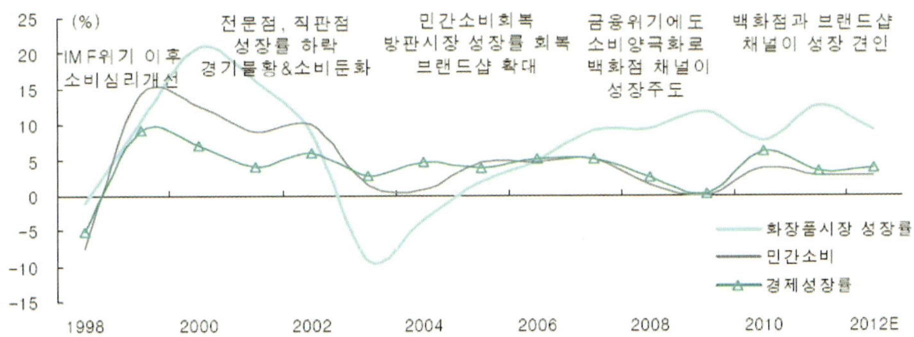

출처: 2011년 화장품산업 분석 보고서, 한국보건산업진흥원(2011. 12)

그림 8-12 화장품산업 성장 추이

- 2011년 데이터모니터에서 분석한 국내 화장품 시장은 세계 시장에서 비중 1.9%로 12위에 기록 되었고, 100대 기업에 아모레, LG, 에이블씨엔씨 등의 3개사가 포함되고, 연매출 1,000억원 이상의 메가 브랜드가 13개 포진한 상황이다.

표 8-6 세계화장품 시장 중 한국 수준(단위 : 백만$, %)

순위	국가명	2011년			2012년(추정치)		
		금액	점유율	전년대비 성장율	금액	점유율	전년대비 성장율
1	미국	33,163	14.3	1.7	33,760	14.0	1.8
2	일본	29,813	12.8	1.9	30,382	12.6	1.9
3	중국	17,121	7.4	7.5	18,361	7.6	7.2
4	브라질	14,704	6.3	8.5	16,064	6.6	9.2
5	독일	14,053	6.0	1.6	14,282	5.9	1.6
6	프랑스	13,786	5.9	1.8	14,043	5.8	1.9
7	영국	10,149	4.4	3.6	10,518	4.4	3.6
8	이탈리아	10,011	4.3	1.2	10,131	4.2	1.2
9	스페인	7,090	3.1	1.7	7,280	3.0	2.7
10	러시아	6,005	2.6	4.9	6,290	2.6	4.7
11	멕시코	5,179	2.2	5.0	5,440	2.3	5.0
12	대한민국	4,382	1.9	4.1	4,555	1.9	4.0
13	캐나다	4,319	1.9	3.2	4,449	1.8	3.0
14	인도	3,940	1.7	13.8	4,435	1.8	12.6
15	네덜란드	3,048	1.3	3.1	3,140	1.3	3.0
기타 47개국		55,592	23.9	5.4	58,540	24.2	5.3
총 62개국		232,354	100.0	4.0	241,670	100.0	4.0

출처 : 데이터모니터(2012)

5. 해외 화장품 산업 현황

- 세계 화장품 시장 규모는 2010년 2천 422억 달러로 전년대비 3.9% 성장을 기록하고 있으며, 2010년 국내 화장품 산업 시장의 14.0% 성장률에 비해 낮은 수치를 보이고 있다.

표 8-7 세계 화장품 시장 규모(단위 : 억$, %)

구분	2006년	2007년	2008년	2009년	2010년
세계 화장품 시장 규모	2,063억	2,163억	2,251억	2,331억	2,422억
성장률	4.5	4.8	4.1	3.5	3.9

출처 : 2011년 화장품산업 분석 보고서, 한국보건산업진흥원(2011.12)

- 세계 화장품 시장 규모 및 성장률에 대한 추이를 살펴보면 아래와 같다.

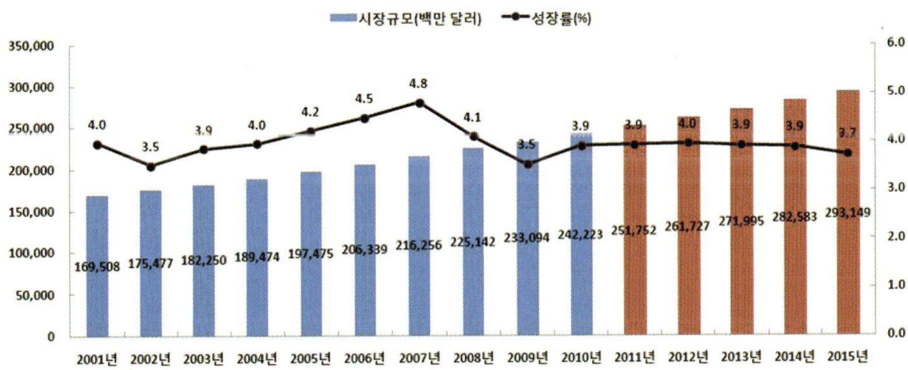

출처 : 2011년 화장품산업 분석 보고서, 한국보건산업진흥원(2011.12)
원자료 출처 : Datamonitor Personal Care Market Data(2011)
주1) Datamonitor 자료를 이용하여 우리나라 화장품 유형위주로 자료를 분석함
주2) 2011년 이후 년도는 Datamonitor에서 추정한 값

그림 8-13 세계시장 규모 및 성장률

- 세계 유형별 화장품 성장률은 2010년 스킨케어 시장이 766억 달러로 전체 화장품 시장의 31.6%를 차지하며 연평균 성장률 또한 4.4%로 다른 유형보다 높은 성

장세를 보이고 있다.

- 헤어케어와 개인위생분야는 전체 시장의 20.1%와 16.3%로 연평균 3%대의 성장률을 보이고 있다.
- 가장 높은 점유율을 보이는 스킨케어 시장의 세부 품목 중 가장 높은 점유율을 보이는 유형은 페이셜 스킨케어로 65.4%의 압도적 비중을 보이고 있으며, 바디케어 17.1%, 선케어 9.4% 순으로 나타나고 있다.(2010년 기준)
- 향수 및 향료 부문은 여성 향수가 63.8%, 남성 향수 31.5%, 공용 향수가 4.7%의 비중을 보이고 있다.

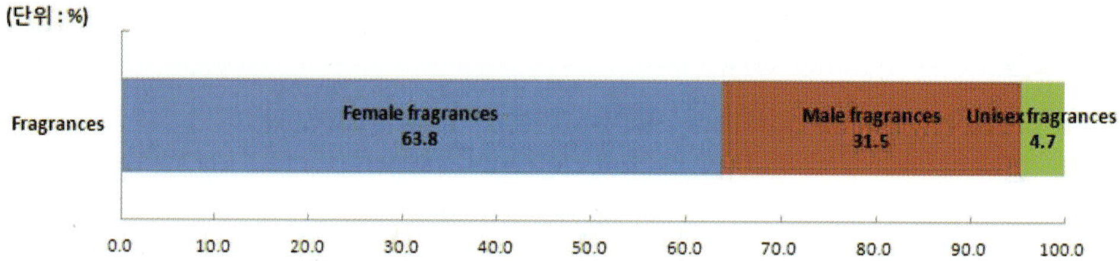

출처 : 2011년 화장품산업 분석 보고서, 한국보건산업진흥원(2011. 12)
원자료 출처: Datamonitor Personal Care Market Data(2011)

그림 8-14 2010년 기준 향수 및 향료(Fragrances) 시장 세부유형별 점유율

- 메이크업 분야는 페이스 메이크업 품목 35.4%, 아이 메이크업 품목 28.4%, 립 메이크업 25.2%, 네일 10.9%로 나타니고 있다.

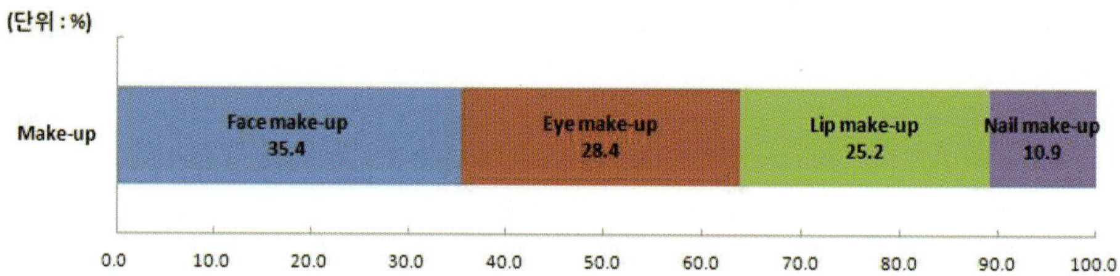

출처 : 2011년 화장품산업 분석 보고서, 한국보건산업진흥원(2011. 12)
원자료 출처: Datamonitor Personal Care Market Data(2011)

그림 8-15 2010년 기준 메이크업시장 세부유형별 점유율

● 권역별 시장 현황

세계 시장을 4개 권역으로 분류하였을 때 2010년 시장 규모별 비중을 살펴보면 유럽 932억 달러(38.5%), 아시아-태평양 725억 달러(29.9%), 북미-중남미 687억 달러(28.4%), 중동 및 아프리카 77억 달러(3.2%) 순서이다.

중동 및 아프리카 지역은 타 권역에 비해 시장 규모가 3.2%로 적으나 전년대비 성장률이 6.7%이고, 2007년~2010년 4년간 연평균 성장률도 7.0%에 달해 전통적인 핵심 지역인 유럽(2.8%)과 북미-중남미(4.0%) 성장률보다 월등히 높아 향후 시장 발전 가능성이 높을 것으로 예상된다.

2010년 세계 시장에서 개별 국가별 시장 점유율을 살펴보면 미국이 350억 달러로 세계 시장의 14.5%의 점유율을 차지하여 가장 큰 화장품 시장규모를 자랑하며, 일본 308억 달러(12.7%), 중국 171억 달러(7.1%), 독일 144억 달러(5.9%), 프랑스 140억 달러(5.8%) 순으로 나타났고, 한국은 44억 달러(1.8%)로 14위를 기록하였다.

2010년 세계 시장 규모에서 전년대비 성장률이 가장 높은 국가는 12위인 인도로 13.4% 성장률을 기록하였고, 9위인 스페인은 전년대비 0.8% 성장으로 경기침체 및 글로벌 금융 위기 상황으로 상위 15개국 중 가장 낮은 성장세를 기록하였다.

전체적으로 세계 화장품 시장을 주도하던 유럽 및 북미지역의 시장 성숙과 글로벌 금융 위기 및 경기침체로 인한 소비 욕구의 감퇴로 전통적 선진국 시장의 성장률이 둔화되고 중동 및 아프리카, 아시아-태평양 권역의 소비 파워 증가에 따른 성장률 상승이 나타나고 있다.

● 아시아 주요국 시장 현황

▪ 중국

2010년 중국의 화장품 시장 규모는 171억 달러로 전년도 159억 달러보다 7.9% 증가하였고, 연평균 8.2% 성장하였다.

표 8-8 중국 화장품 시장 규모(단위 : 백만$, %)

구분	2007년	2008년	2009년	2010년	비중	'07~'10년 연 성장률
시장 규모	13,505	14,663	15,850	17,107	–	8.2
스킨케어	7,162	7,859	8,576	9,357	54.7	9.3
헤어케어	3,159	3,353	3,548	3,738	21.9	5.8
개인위생용품	1,611	1,736	1,865	1,995	11.7	7.4
메이크업	953	1,036	1,119	1,207	7.1	8.2
향	515	566	619	677	4.0	9.5
바디 케어	66	72	78	85	0.5	8.8
남성용품	38	41	45	49	0.3	8.5

출처 : 한국화장품산업연구원(2011)

원자료 출처 : Datamonitor Personal Care Market Data(2011)

메이크업 제품은 그동안의 성장세가 둔화되고 안정기에 접어들어 15%의 성장 속도를 유지할 것으로 예상되며, 향 제품은 연평균 9.5%의 성장률로 가장 높고, 바디케어와 남성용품 시장도 8%를 기록하고 있다.

중국 시장에서 외국 제품에 대한 거부감이 없어 외자 및 합작 기업이 전체시장의 60%를 차지하고 있으며, 매출은 전체의 90% 정도인데, 2012년 6월 의료관광신문 기사에서 KOTRA 창사무역관이 중국중부투자무역박람회 전시회장을 찾은 중부 내륙 출신 중국인들을 상대로 한 '화장품의 국가 선호도'조사에서 1위로 한국 61%, 2위 프랑스 21%, 3위 중국 8% 순으로 나타나 중국 내륙인들의 한국 화장품 선호 현상을 확인 할 수 있다.

문화체육관광부 잠정 통계에 따르면 2012년 7월 한달 간 101만 7,000명의 외국인이 입국해 최초로 월 기준 100만명을 넘어섰으며, 2012년 1~7월까지의 누적 관광객은 총 635만 4,000명으로 전년보다 22.0% 늘었고, 이중 일본(33.3%, 211만 8,000명)과 중국(23.9%, 152만 1,000명) 관광객이 절반 이상을 차지하고 있다.

같은 기간 외국인이 면세점에서 구매한 국산품의 총액도 2,507억원으로 전년보다 87.2% 증가하였고, 내국인(592억원, 3.4%)보다 금액과 증가율이 각각 4.2배, 83.8%포인트 높았으며 외국인 구매액의 90%가 일본과 중국 관광객이며 구매액은 일본인이 1,244억원, 중국인이 1,028억원이나 구매 중이다.

증가율은 중국이 158.5%로 일본(59.5%)을 훨씬 앞서며 1인당 구매액도 중국인이 26만 8,000원으로 일본인의 12만 9,000원 보다 2배 이상 높은 파워 고객의 면모를 보이고 있다.

개혁 개방 정책 이후 중국의 화장품 시장은 폭발적인 성장세를 거쳐 전체 소비자 판매액보다 화장품 판매 성장률이 10% 이상 높은 소비 시장이다.

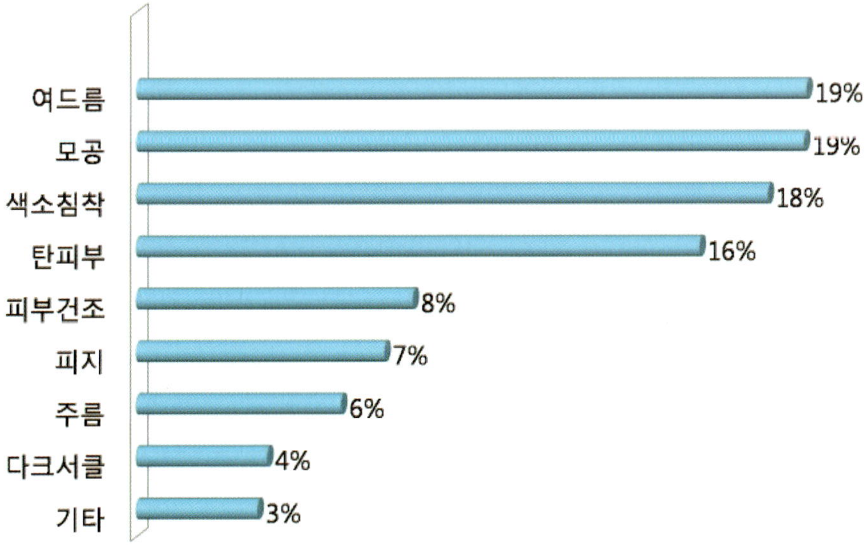

출처 : 대한화장품산업연구원(2011)

그림 8-16 중국 네티즌 피부트러블 관심도

중국 내 주요 화장품 유통 경로는 백화점, 쇼핑센터, 대형마트 등이고 브랜드매장, 화장품 전문매장, 인터넷, 홈쇼핑 등은 서브 판매 경로이며 한국 화장품은 한류의 영향으로 선호도가 높아지고 있으며, 고가의 일본제품보다 저렴하면서 품질이 좋다는 인식에 기반한다.

■ 일본

2010년 일본의 화장품 시장 규모는 308억 달러로 연평균 2.1% 성장 하였고, 스킨케어가 172억 달러로 전체 시장의 절반이 넘는 56.0%를 점유하고 있으며 헤어케어가 16.1%, 메이크업이 14.4%의 비중을 보이고 있다.

표 8-9 중국 화장품 시장 규모(단위 : 백만$, %)

구분	2007년	2008년	2009년	2010년	비중	'07~'10년 연 성장률
시장 규모	28,909	29,551	30,118	30,764	–	2.1
스킨케어	15,887	16,333	16,737	17,229	56.0	2.7
헤어케어	4,796	4,855	4,910	4,941	16.1	1.0
메이크업	4,200	4,274	4,348	4,424	14.4	1.7
개인위생용품	2,773	2,855	2,908	2,975	9.7	2.4
향	1,037	1,014	990	966	3.1	–2.3
바디 케어	113	115	118	120	0.4	2.1
남성용품	104	106	108	109	0.4	1.8

출처 : 대한화장품산업연구원(2011)

원자료 출처 : Datamonitor Personal Care Market Data(2011)

일본 시장은 장기 침체기 이후 소폭 상승인 연 2.1%의 둔화된 성장률을 보이고 있으며 향후 내수 시장의 활발한 성장은 기대하기 어려운 환경이며, 스킨케어 시장이 타 유형의 제품군에 비해 점유율이 높은 편이며 스킨케어 위주의 성장을 해온 특성이 있다.

일본은 시세이도, 가오, 고세 등의 대규모 회사의 매출력이 좋으며 일본 내 저성장을 타개하고자 적극적으로 중국 및 해외 시장 진출을 활발히 하고 있다.

▪ 인도

인도의 화장품 시장 규모는 약 15억 달러로 연간 15~20% 성장률을 보이며 중국과 함께 가장 높은 성장세를 보이고 있다.

인도의 화장품과 뷰티 서비스 시장은 꾸준한 성장세를 지속하여 인도 정부로부터 잠재적 성장 동력 산업으로 지목된 유망 산업군에 속하며 인도 사회의 경제 발전으로 여성의 경제적 지위 변화가 활발해지며 지난 2년간 색조화장품 46%, 스킨케어 화장품 13%의 성장률을 보였다.

뷰티 서비스 분야는 11억 8,000달러로 추산되며, 화장품과 뷰티 서비스의 매출을 포함할 시 약 26억 8,000달러로 추산되는 거대 시장을 형성하였고, 인도의 화장품 시장은 유럽 회사들이 대거 진출하여 프랑스(26%)를 중심으로 한 유럽권 국가들의 시장 점유율이 50% 가량을 차지하며, 아시아권에 위치하지만 화장품 시장은 유럽권에 기까운 국가의 특성을 보인다.

▪ 태국

태국은 동남아시아의 중심국가로 약 6,600만명의 인구와 1인당 4,400달러(2010년) 수준의 국민 소득이, 2019년에는 1만 달러를 돌파할 것으로 예측되는 신흥 국가이다.

태국은 아시아권에서 일본과 한국에 이은 화장품 산업 인프라를 보유하고 있으며, 일본, 인도네시아, 말레이시아, 필리핀 등으로 활발한 수출을 보이고 있다.

2010년 기준 태국은 화장품 시장 규모가 565억 바트 규모이며, 전년대비 태국 내 화장품 판매는 25% 성장하였고 수출은 36% 상승한 것으로 나타났다.

태국은 한류 열풍의 수혜지로 한류 스타에 대한 선호도가 일찍이 뷰티 및 화장품 산업, 메디컬 뷰티에 대한 높은 관심으로 나타난 국가이며 한국 화장품에 대한 높은 관심과 선호로 BB크림, 미백 크림 등의 피부색 개선 및 보정 제품이 인기 있으며 이는 하얀 피부를 선호하는 문화적 요인이 크게 작용하고 있다.

▪ 인도네시아

인도네시아는 전체 인구가 2억 4,000만명의 인구 대국이자 자원 부국이며 전 세계 이슬람 국가 중 가장 많은 인구를 보유한 나라이며 전체 인구 중 14~64세 인구가 전체의 67.7%로 잠재 성장률이 높은 국가이다.

대부분의 여성과 10대, 남성들이 다양한 화장품을 사용하고 있어 화장품 분야 성장률은 향후 더욱 증가할 수 있으며 약 2008년 기준 1억 5,000만달러 규모의 시장 규모를 보형성 하였다.

주요 수출국은 태국(41.54%), 말레이시아(40.85%), 싱가포르(7.52%) 순의 비중을 보이며 수입은 주로 미국, 영국, 프랑스의 고급 제품으로 나타나고 있다.

표 8-10 인도네시아의 화장품 시장 규모(단위 : 백만$, %)

구분	2007년	2008년	연 성장률
시장규모	1,200	1,500	12.5

출처 : 대한화장품산업연구원(2011)
원자료 출처 : US Commercial Services

8-2 국내 화장품 산업의 주요 유통 경로

1. 시판 유통

시판 유통은 우리가 흔히 시중의 매장을 통해 판매되는 일반적인 화장품 매장을 통한 유통 채널로 화장품 전문점, 대형 마트 화장품 매장, 브랜드샵, 드럭스토어 등이 대표적인 시판 유통 매장이다.

시판 유통은 80년대까지 국내 화장품 유통의 절대 강자였던 방판 유통 중심의 판매에서 1980년대 초반에 LG 생활건강이라는 대기업이 시판 유통에 적극 뛰어들며 시판의 화장품 전문점을 주력 유통으로 삼으며 유통 경쟁을 벌여 방판 중심에서 시판 중심으로 화장품의 유통 흐름을 완전히 바꿨던 히스토리를 가지고 있다.

화장품 전문점을 주력으로 태동하여 연고 판매 및 인적 판매의 영업 방식을 탈피해 현대적인 인테리어 매장과 다양한 상품 구비로 소비자에게 선택하는 재미와 각 회사의 제품을 비교해 사용할 수 있도록 하였다. 소비자 편의성과 접근의 편리성으로 동네 상권 깊숙히 파고들어 80년대 중반부터 90년대에 정점에 달하고 21세기 초까지 전성기를 누린 국내 화장품 제 1의 화장품 유통 채널이다.

이후 백화점과 온라인 유통, 브랜드 샵 등에 화장품 전문점이 축소되어 갔으나 2002년 브랜드샵의 출현으로 시판 시장은 다시 활황의 변화를 맞아 현재까지 이르렀다.

시판 유통

■ 화장품 전문점

- 90년대 ~ 2000년대 초반에 절정기 맞음
- 지나친 가격 경쟁, 샘플 경쟁, 리베이트 경쟁으로 가격 신뢰 상실

■ 대형 마트 화장품 매장

- 이마트 , 롯데마트, 홈플러스 등의 대기업 계열의 대형 마트 내 화장품 매장
- 단일 브랜드 매장, 또는 편집 매장의 형태로 운영
- 비교적 저렴한 가격과 쾌적한 쇼핑 환경, 접근성의 용이, 한자리에서 다양한 품목 쇼핑 가능

■ 브랜드 샵

- 한 매장에서 여러 회사의 다양한 브랜드를 판매하는 화장품 브랜드와 달리 한 회사의 제품들만을 위한 단독 브랜드의 매장
- 비교적 저렴하면서 다양한 품목의 출시로 젊은층과 실용적인 가격대의 구매 고객에게 인기를 얻음
- 미샤, 더 페이스샵, 네이처 리퍼블릭, 토니모리, 에뛰드 하우스, 아리따움, 휴 플레이스 등이 대표적

2. 방판 및 직판 유통

방판 유통은 방문 판매 유통을 일컫는 용어로 1963년 쥬리아 화장품이 도입하여 60년대부터 80년대 초반까지 국내 화장품 유통의 절대 강자로 군림하던 유통 채널이다.

방문 판매 유통은 개별 소비자를 판매자가 직접 찾아 다니며 설명과 시연을 통해 화장품의 장점과 특징, 사용법을 설명하고 시연하며 판매했던 유통으로 인적 판매의 특징을 보인다.

방판은 인적 판매의 특성으로 인해 일정한 활동 구역과 반경이 생기고 인간적 관계망에 따라 판매되는 연고 판매의 특성과 일대일 대면 판매, 서로간의 신용이 확보된 상태에서의 신용 판매, 지속적인 고객 관리가 쉽고 판매자와 소비자간의 직접적인 유대관계가 가능한 것이 특징이다.

이러한 특징으로 인해 여성의 사회 참여가 제한되고 직업 선택의 다양성이 떨어지며 가부장적 사회 분위기 속에 경제 활동에 어려움을 겪는 여성들이 자연스레 종사하게 되었고, 쥬리아 화장품 이후에 태평양, 한국화장품, 라미 화장품 등의 유수의 업체들이 앞다투어 참여하여 80년대 초반에는 국내 화장품 유통의 80%에 이르는 마켓 쉐어를 차지하기도 하였다.

그러나 80년대에 발전한 화장품 전문점의 성장세에 밀려 계속 사양길에 접어들다 1989년 코리아나화장품이 도입한 직판 유통으로 인적 판매는 다시 한번 중흥기를 맞게 된다.

코리아나 화장품이 도입한 직판은 직접 판매의 의미로 화장품의 판매인을 방판 유통과 달리 단순 판매인이 아닌 승진과 관리자로 격상한 직급제를 도입하여 전문직으로 여성인력을 성장시킨 시스템이다. 직판은 판매한 제품에 대한 소비자 만족 및 판매자의 사무실, 유통, 교육 및 판매 활동에 대한 회사 차원의 지원을 통해 제조사가 공신력을 통해 책임지는 시스템으로 여성의 경제 활동 참여 욕구와 경제 성장 시기의 거품 경제에 힘입어 눈부신 발전을 지속 하였다.

코리아나 화장품을 필두로, 아모레 퍼시픽, LG 생활건강, 한국 화장품, 한불 화장품 등의 각 제조사들이 직판 유통을 시작하였고, 일부 회사는 방판 유통과 직판 유통을 모두 거느리는 체제를 이루기도 하였다.

그러나 거품 경제의 끝인 1997년의 IMF와 2002년의 카드 대란 이후 직판 유통은 영업조직 스카우트 경쟁 및 소비자의 유입 저하 등으로 마켓 쉐어가 많이 축소된 상태이다.

방판유통과 직판 유통으로 구분하기도 하며 다른 말로 구방판과 신방판 등의 명칭으로 불리는 유통이다.

표 8-11 방판과 직판의 특징

구분	방 판	직 판	비고
영업 형태	대리점에서 제품을 도매가로 공급받아 판매를 통해 수익 발생	제품 판매 후 판매 대금을 회사에 입금 후 판매 수수료를 추후에 지급받아 수익 발생	
판매인 지위	개인 소매상과 같은 개별 판매자	직급 승진, 관리자 승진 기회 부여 영억 조직의 최고 직급에 도달 시 높은 지위와 보수 지급됨	동기 유발
재고 부담	제품의 재고 부담은 판매인에게 있음	전적으로 회사가 재고 부담을 짐	
회사 지원	거의 없음 (교육도 대리점에서 자체 진행함)	– 교육 지원 제품 교육, 판매 교육, 마케팅 교육, 매너 교육, 업무 교육 등을 지원 – 사무실 지원 영업 거점 빌딩 사무실 지원	

3. 다단계 유통

다단계는 1990년대에 외국의 다단계 유통사들이 국내에 진출하여 유입된 유통 방식으로 뉴스킨, 에이본 등이 대표적이다.

다단계는 국내에서 이미지가 나쁜 편이므로 스스로 다단계라 칭하지 않고 방판 영업이라 호도하는 경우도 있으나 인적 판매의 특징을 공유하는 점에서는 방판이나 직판과 같은 점도 있다. 정부의 규제로 국내에서 큰 확장을 이루지는 못하였으나, 판매인 증가를 통한 수익 창출로 인해 국내에서 우리 나라에서 다양한 폐해를 일으키기도 하였다.

현재 해외 업체 뿐만 아니라 국내 다단계 회사들이 경제 위기 속에 우후죽순처럼 생겼다 사라졌고, 일부 사회적 물의를 일으킨 회사들로 인해 표면적으로는 정중동의 움직임을 보이나 외국 회사들의 경우, 인지도와 현지 적응으로 꾸준한 영업 활동을 지속하고 있다.

4. 백화점 유통

1980년대에 처음 시작된 화장품의 백화점 유통은 시작 이래 단 한번도 매출 하락을 겪지 않고 꾸준한 성장을 지속해 온 저력의 유통 분야이다.

특히 2000년대 이후 방판과 직판의 하락세에도 국내 화장품 유통의 성장을 이끈 주역이며, 외국 제조사들의 고가, 명품 전략 앞에서도 한방 화장품 분야의 성장과 브랜드 파워를 키워가며 선방하고 있는 분야이다.

90년대에는 국내 Big 3라 불린 상위 3개 회사(아모레 퍼시픽, LG 생활건강, 코리아나)가 백화점 유통을 적극 확장하였으나 2000년대 이후 해외 유수 브랜드들의 국내 런칭과 명품 마케팅 전략, 국내 카드대란, 리먼 브러더스 사태 등의 사회적 침체기를 겪으며 위기를 겪기도 하였다.

이후 국내 업체들은 한방 화장품의 인기와 확고한 브랜드 파워로 백화점에서 해외 브랜드의 매출을 뛰어넘는 성과를 보이고 있다.

아모레 퍼시픽의 설화수, 헤라, LG 생활건강의 후 등은 샤넬, 에스티로더, 랑콤, 크리스챤 디올, 시세이도 등의 해외 브랜드를 능가하는 매출 호조를 보이고 있다.

5. 온라인 유통

90년대의 IT 열풍과 초고속 인터넷망의 확산으로 세계 최고의 온라인 환경을 구축한 우리나라에서 빠르게 성장한 신유통 분야가 온라인 유통이다.

온라인 유통은 물품을 직접 사용하고 확인하며 살 수 없는 단점을 타파하기 위해 화장품 전문점과 비교해 훨씬 저렴한 가격으로 인터넷에 익숙한 젊은 세대에게 큰 호응을 얻었고, 옥션과 지마켓 등의 오픈 마켓의 활황에 힘입어 눈부신 성장을 기록 하였다.

성장세가 확인되자 온라인 유통이 난립하는 시기를 지나 종합 화장품 쇼핑몰 등이 인기를 얻으며 유통의 한 축을 담당하였고, 인터파크, 11번가 등의 사이트도 온라인 유통을 확장하는데 일조 하였다.

6. 홈쇼핑 유통

초기의 홈쇼핑 유통은 가정 주부 등을 대상으로 하거나 저렴한 재고 처분의 유통 이미지가 강하였으나 쇼핑의 편리함, 저렴한 가격, 상세한 설명과 다양한 사은품 등의 요소들에 힘입어 가파른 매출 성장을 이룩 하였다.

특히 홈쇼핑은 대기업 등의 메이저 회사가 아닌 중소기업 제품이 베스트셀러로 등극하기도 하는 기회의 땅으로 부각하며, 각종 아이디어 상품과 중저가 상품이 인기를 끌었다.

현재는 국내 제품사 뿐만 아니라 해외 브랜드를 국내에 런칭하기도 하며 유통 다각화를 위한 새로운 유통으로 발전하였고, 점차 고급화를 위한 변신도 시도되고 있는 분야이다.

7. 기타

이외에도 편의점을 통한 화장품 유통과 병원의 메디컬 시술 및 후 처치를 병행할 수 있는 메디컬 전용 유통, 피부관리실이나 스파 등을 대상으로 하는 피부관리실 제품, 미용실 등의 헤어 서비스를 위한 헤어 유통 등이 있다.

특히 90년대 이후 화장품 시장의 증가 못지않게 발달한 뷰티 서비스 시장의 성장과 발전으로 메디컬 전용 유통과 피부관리실 유통, 헤어 서비스 유통 등의 마켓 쉐어도 많이 높아졌고, 서비스를 이용한 후 홈케어로 연계될 수 있는 점두 판매도 높아지는 추세이다.

8-3 신제품 개발과 마케팅

화장푼의 신제품 개발은 시장조사- 고객 니즈 파악- 상품 기획 - 상품과 생산 기술의 검증 - 신제품 출시의 순서로 진행된다.

이러한 업무 흐름을 그림으로 설명한 것이 다음의 모식도이다.

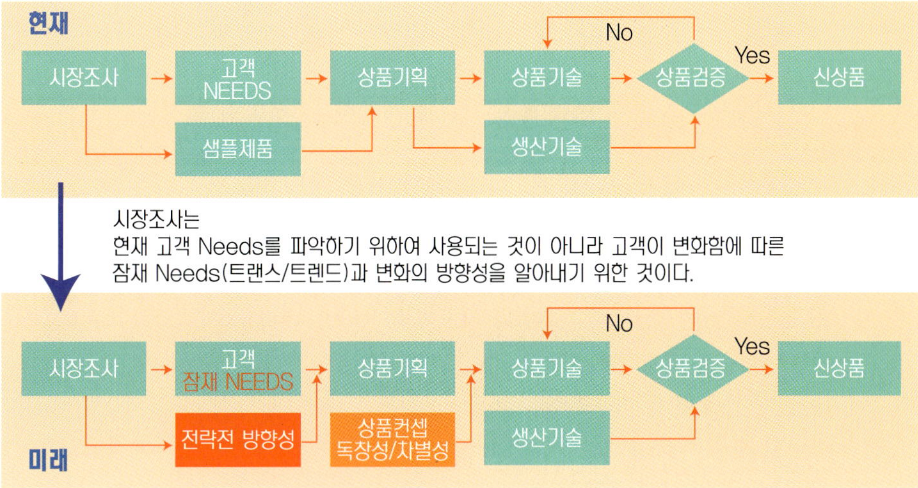

그림 8-17 상품 개발 페러다임의 변화

신제품 개발을 위한 시장조사는 기초적 문헌 자료의 조사와 통계자료 조사 등이 있고 소비자 패널을 통한 기획 조사와 정성 조사와 정량 조사 단계로 구분 할 수 있다.

그림 8-18 시장 조사 방법

신제품 개발을 위해서는 조사를 통한 정확한 타섹이 설정되고 핵신 고객이 서정 되어야 한다.

타겟 선정은 SWOT을 통한 전략적 방향성을 결정한 후 정확히 설정하도록 한다.

● 신제품 설정의 컨셉과 문제점

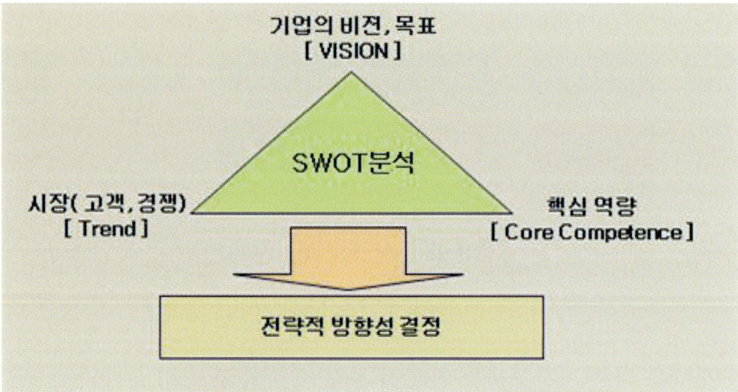

그림 8-19 상품개발 Target 설정 요인

- 상품 컨셉 설정 항목

- 소비자가 기대하는 최대의 편익
  → 현재까지 상품의 불만을 지적하는 형태로 이 불만이 해소되는 점을 편익으로서 표현
- 신상품으로서의 새로운 요소와 특징
  → 소비자가 원하는 편익을 제고하는 것으로 상품 특징을 설명
- 신상품이 발휘 할 수 있는 기능에 의해서 얻을 수 있는 종합적 편익
- 목표 고객의 명확한 기술

신상품의 실패 요인

상품 기획의 문제점	상품 기획 시스템의 문제점
· 소비자 조사의 문제점 · 미흡한 품질 수준 · 컨셉 등 전략방향 설정의 문제점 · 마케팅 믹스의 일관성 결여(제품, 가격, 유통, 프로모션 전략 등) · 부적절한 출시 시기 · 기업 이미지와 부적합성	· 관련 부서간의 의사소통 · 상품화 프로세서의 비효율 · 신상품 평가 기준 및 절차의 문제점 · 소비자 및 시장조사의 인프라구축 미비 · 사업본부진의 업무 목표 불일치

상품 컨셉

신제품의 상품 기획서에는 정확한 타겟과 컨셉 전략, 생산 및 판매 일정, 판매촉진 방안 및 출재고 관리, 품목 구성 및 가격 관리를 위한 기초적 사항, 마케팅 비용 및 예상 매출액, 등이 일목요연하게 적시되어 있어야 한다.

상품기획서(예시)

품목	특징	단계	용량	용기	가격안	초도량	경쟁사
화이트 토너	화이트닝 효과의 극대화 (기능성)	1단계	180ML	초자	23,000	60,000	경쟁사 가격 등

8-4 화장품 산업의 주요 직무 및 진출 방향

1. 국내 화장품 제조업체 특성

2012년 식품의약품안전청(이하 약칭으로 식약청)에서 발표한 국내 화장품 제조업체 통계 자료에 의하면 화장품을 제조하는 업체 수는 882개소(2010년 신고 기준)이고, 이 중 실재 생산 실적이 있는 실 제조업체 수는 591개소로 전체 화장품 제조업체로 신고된 업체 중 67.0%만이 실질적인 화장품 제조업체라 할 수 있다.

이는 화장품 제조업체로 신고 후에도 제품 생산을 하지 않는 업체이거나 너무 영세하여 개점 휴업 상태이기 때문이라 풀이된다.

화장품 산업의 발전과 국내 화장품의 수요 증가 및 한류의 확산과 국내 미용-성형 분야의 아시아권에서의 인기로 국내 화장품의 해외 수출도 꾸준히 증가하고 있다.

이러한 증가세와 시장 규모 증가로 많은 화장품 제조사와 유통업체가 난립하고, 해외 브랜드의 국내 수입과 유통 등도 늘어나 국내 화장품 제조업체 수는 2007년의 612개소에서 2008년의 708개소, 2009년의 777개소, 2010년의 882개소로 꾸준히 증가 하였다.

국내 화장품 제조사가 가장 많이 분포한 지역은 경기도로 882개소 중 327개소가 분포해 37.07%의 점유율을 보이고 있다.

경기도에는 인천항과 가까워 화장품 원료의 수입과 완제품 수출 등의 물류비가 적게 드는 입지적 장점과 국내 최대의 화장품 수요처인 서울시와 수도권에 가까운 이점으로 부천, 시흥, 안산 등에 중소 규모의 화장품 제조사가 군집해 있다.

여기에 경부선 축을 따라 국내 최대 규모의 화장품회사인 아모레 퍼시픽의 공장과 연구소가 오산시에 입지해 있어 국내 화장품 제조사들이 가장 많이 밀집한 지역이다. 이러한 장점에 힘입어 경기도는 2009년 대비 2010년에 제조업체 수가 전년 대비 11.35% 증가하는 속도를 보였다.

경기도에 이어 화장품 제조사가 많은 지역은 116개소로 13.15%의 비중을 차지하는 인천시이다. 주로 수입에 의존하는 화장품 원료와 원자재, 완제품의 수출 및 수입 등에 절대적인 영향을 주는 인천항이 있어 입지적 조건과 물류 운송에 필요한 시간적 경제적 비용이 적게 드는 매우 좋은 여건의 입지적 장점을 가졌다.

또한 전세계 최우수 공항에 7년 연속 선정된 인천공항이 입지해 글로벌 인적 교류 및 동아시아 운송의 허브 기점으로 작용하여 화장품 산업의 트렌디한 유행과 기술 속도, 활발한 국제 교류 등에 매우 유리한 이점을 가졌다. 다만 인천 지역 내에 대규모 생산업체가 없어 산업을 리드하는 주목성은 떨어지나 우리나라 산업 구조에서 대 중국 수출의 중요성이 높아지고 미래에는 중국과의 교역량이 압도적으로 증가할 경향을 고려해 볼 때 매우 큰 발전이 가능한 지역이라 할 수 있다.

표 8-12 2010년 기준 지역별 화장품 제조업체 현황 (단위 : 개소)

순번	지 역 별	2007년	2008년	2009년	2010년
1	경기	226	257	288	327
2	인천	82	93	101	116
3	충북	41	48	58	66
4	충남	41	46	55	61
5	서울	44	65	54	61
6	경북	26	26	25	31
7	부산	26	30	31	28
8	대구	17	17	23	28
9	강원	19	25	21	27
10	전북	15	21	25	27
11	대전	15	18	22	25
12	전남	17	17	21	22
13	경남	22	19	19	20
14	제주	8	10	12	18
15	광주	7	10	17	16
16	울산	6	6	8	9
합 계		612	708	777	882

출처: 화장품제조업체 현황, 식약청(2012년)

전국에 분포하는 많은 제조업체의 수와 달리 국내 화장품 시장은 전체 화장품 시장의 60%를 아모레 퍼시픽과 LG 생활 건강이 양분하는 과점 구조를 보이고 있다.

여기에 국내 매출 규모 상위 10개사를 더하면 전체 화장품 시장 규모의 80%를 이들 국내 10개사가 점유하는 과점 구조의 산업 행태를 보인다.

국내 제조업체 882개소 중 상위 10개소를 제외한 872개 회사들이 20%의 시장 규모를 두고 각축을 벌이는 치열한 경쟁 구도가 현재의 국내 화장품 업체의 현실이다. 1%대의 상위 업체와 99%의 영세 업체의 경쟁 구도로 볼 수 있으므로 그 어떤 산업보다 부익부 빈익빈의 산업 구조이며 이는 글로벌 경쟁과 사활을 건 마케팅 전쟁으로 전 세계적인 명품 마케팅 장이 된 화장품 산업에서 앞으로 더 큰 격차와 전략 격차를 그 차이를 더 벌어질 것으로 예상된다.

전체 화장품 제조사 중 연 매출액 10억 미만 기업이 75.2%로 화장품 산업의 영세성이 두드러진 시장 상황에서 2012년 9월의 하나경영연구소의 자료에서 국내 상위 10개사의 매출비중이 80%, 영업이익비중은 95%를 상회하는 양극화가 더욱 심화될 것으로 전망하여 국내 대다수 업체들의 발전 전망을 어둡게 예견 하였다.

2. 국내 화장품 산업의 미래 전망

이렇게 경쟁이 치열한 화장품 산업은 뷰티와 외모 가꾸기가 사회적 경쟁력으로 부상한 문화적 분위기에서 다른 산업보다 꾸준하게 큰 폭으로 성장 하였다.

특히 한국의 대중 문화가 범아시아적 인기를 끄는 한류로 부상 후 한국의 문화, 음식, 전통, 뷰티 산업, 메디컬 분야에서의 해외 관광객의 관심이 높아져 해외 방문객 1000만명 시대를 돌파할 수 있었다.

한국을 찾는 해외 방문객은 국내에서 면세점, 백화점 등에서 주로 쇼핑하고 자유 여행으로 방문한 외국인들은 명동, 동대문, 남대문, 신촌, 이대 입구, 홍대, 청담동, 압구정, 코엑스, 강남 등지에서 화장품 등을 구매하는 빈도가 매우 높다.

국내 수요와 시장이 정체기인 것과 달리 신흥 시장인 중국과 동남아시아의 소비 수요가 커지며 국내 화장품 산업은 밝은 미래 전망을 예측하게 한다.

2012년 관세청 서울본부세관이 발표한 자료에서 2011년 서울 시내 면세점 6곳에서 판매된 국산품 중 매출 1위 품목이 화장품이었다. 화장품 매출은 매년 크기 증가하여 전년 대비 1,000억원 이상 증가한 2525억원으로 과거에 큰 인기를 끌었던 인삼류(459억원) 매출의 5배 이상의 격차를 보였고 식품류(225억원), 보석류(132억원), 민예품(122억원)을 크게 앞서 면세점에서 가장 인기있는 품목으로 자립매김 하였다.

● 최근 3년간 품목별 판매 현황 (단위 : 억원)

구분	2010년	2011년	2012년			
			4월	전년동기대비	누계	전년동기대비
화장품	1,587	2,525	322.4	89.1	1,146	93.2
인삼류	357	459	29.7	56.2	123	53.4
식품류	183	225	35.3	63.7	116	104.5
보석류	132	136	12.1	17.4	38	10.0
민예품	122	110	11.4	12.1	39	15.4
기 타	435	511	66.2	112.3	206	120.7
합 계	2,816	3,966	477.1	70.9	1,668	64.5

출처: 관세청 자료(2012년)

면세점에서의 한국산 화장품의 인기는 해외 관광객들에게 한국산 제품의 인지도 향상과 대외수출 향상에 기여하며 한국 문화 전반에 대한 국가 이미지 제고에 긍정적 효과를 준다. 이러한 매출 증가의 이면에는 문화적 영향력이 큰 요건이 되었고, 한류스타 기용에 따라 일본과 중국, 대만 등지의 주요 해외 관광객들의 한국산 화장품에 대한 선호도 증가가 실구매로 이어진 것으로 평가된다.

● 해외관광객이 가장 선호하는 국산 화장품

실제로 한국문화관광연구원의 관광동향분석 자료에 따르면 2009년 이후 매년 방한 외래관광객 수는 10% 이상 증가해 왔으며 올해 4월 경우는 전년대비 28.3%나 관광객이 증가 하였다.

● 연도별 해외 관광객

구분	일본	중국	미국	대만	홍콩	필리핀	러시아
2006년	2,339 (-4.1)	897 (26.3)	556 (4.7)	338 (-3.8)	143 (-14.1)	248 (11.5)	145 (0.5)
2007년	2,236 (-4.4)	1,069 (19.2)	587 (5.7)	335 (-0.9)	140 (-1.9)	264 (6.3)	140 (-2.9)
2008년	2,378 (6.4)	1,168 (9.3)	610 (3.9)	320 (-4.5)	160 (14.4)	277 (4.9)	136 (-2.9)
2009년	3,053 (28.4)	1,342 (14.9)	611 (0.2)	381 (18.9)	216 (34.6)	272 (-1.7)	137 (0.5)
2010년	3,023 (-1.0)	1,875 (39.7)	653 (6.8)	406 (6.8)	229 (5.9)	297 (9.4)	151 (10.0)
2011년	3,280 (8.8)	2,220 (18.4)	662 (1.3)	428 (5.4)	281 (22.9)	337 (13.4)	155 (2.7)
2012년 4월	244 (11.0)	167 (8.5)	47 (-19.7)	43 (34.2)	32 (24.8)	26 (-16.9)	13 (-6.6)
2006년 누계	1,144 (26.2)	692 (17.6)	197 (-1.3)	166 (54.3)	110 (35.9)	99 (-5.4)	51 (1.2)

주: (%)는 전년동기 대비 증감률

국가별로 살펴보면 일본관광객들이 2011년 328만9000명으로 한국을 찾은 관광객 1위 국가에 이름을 올렸으며 중국 관광객은 지난해 222만명 대비 18.4% 증가하여 222만명이 방문하였고 증가 추세가 가파른 상승세를 기록 중이며 추후 일본 관광객보다 더 많은 수치를 기록할 것으로 전망된다.

이외에도 최근에는 대만과 홍콩, 필리핀 등 동남아시아 관광객들이 크게 늘고 있으며, 전체 방문자 중 80~90%가 관광을 위한 목적으로 국내를 방문 하였고, 보다 편리한 면세점 이용을 위해 면세점에서의 다양한 품목의 확대 판매가 절실히 필요하다는 개선 요구가 많이 나와 부동의 면세점 판매 1위 품목인 화장품 품목의 매출 확대가 더욱 밝게 전망된다.

3. 화장품 회사의 직무 분야 및 진출 방향

뷰티 관련 전공 학생들은 자신의 적성과 소질을 파악 후 취업 진로를 정해 사회에 첫발을 내딛게 된다. 막연한 꿈과 낙관적인 기대만으로는 경쟁이 치열한 취업 현장과 사회 생활에서 자신의 한계와 정보 부족으로 뒤늦은 후회를 할 수 있다.

다양한 뷰티 전공자들의 진로 중 화장품 회사는 선망의 대상이 될 수 도 있고 기피의 대상이 될 수도 있다. 많은 제조회사와 유통 회사들이 있지만 TOP 10위급의 규모이거나 중견 회사에 드는 대형회사와 중소회사들간의 직무는 비교하기에 너무 큰 격차가 있어 다양한 직무를 살펴본다는 의미에서 대형 회사 위주로 직무를 설명 하였다.

화장품 회사의 직무는 매우 다양한 편이다. 여기에 주력 유통 채널이 어떤 유통이냐에 따라 훨씬 더 다채로운 직무와 독특한 특성이 나타날 수 있다.

규모가 큰 상위 10개 회사들은 실질적인 본사의 위치가 대부분 서울시에 자리한다. 이는 국내 전체 5000만명의 인구 중 1000만명이 거주하는 거대 단일 시장이자 트렌드와 유행의 작은 변화가 가장 먼저 시작되는 시장이기 때문이다.

본사가 서울에 있다면 공장과 연구소, 물류 거점 등은 적정 규모가 선결 조건이므로 지가가 맞아 초기 투자비가 적게 들며 전체적인 유지 및 관리가 저렴한 지방이 될 수 있다.

아모레 퍼시픽의 본사는 서울시 용산구에 소재하고, 공장 및 연구소는 경기도 오산에 위치하며, LG 생활건강 화장품사업부는 본사는 서울시 여의도에 위치하고 공장 및 연구소는 충북 청원군에 있다.

● 직무 분야

가. 연구개발

연구 개발 분야는 일반적으로 공장과 함께 대규모 부지 위에 함께 설립되며 생산 공장의 전 제조과정과 긴밀한 연관 관계가 있어 서울 이외의 지역에 자리한다.

연구개발 직무는 보통 화장품연구소라는 이름으로 전체적인 화장품 제조와 신소재 개발 등의 업무를 진행하며 생산 공장의 품질경영 및 품질보증팀 등과 연관성이 깊다.

화장품 회사에서 좋은 제품의 생산과 판매로 시장에서 인기있는 제품으로 부상 시 화장품 회사의 매출 증가 및 브랜드 파워 제고, 제조사 이미지 개선, 수출 호조 등의 크나큰 영향을 주므로 매우 중요한 맨 파워가 필요하다. 그러므로 연구소의 연구개발 인력은 최고의 인재를 선점하기 위해 국내 유수의 대학 졸업자와 석사, 박사급의 연구인력, 기초 피부과학과의 접목을 위해 의사 등의 고급 인력이 상존하여 시너지를 내는 부서이다.

이렇게 입사한 인재들은 연구소에서 치열한 내부 경쟁을 통해 다시 조련되고 승진을 통해 각 부문별 센터장이나 팀장이 되며 마지막에 연구소장에 취임하는 순서를 거치게 된다.

- 입사에 유리한 전공 : 화학공학, 화학, 생물학, 생화학, 피부과전문의, 화장품 신소재 특화 분야 등
- 연구소 내 세부 직무 : 스킨케어 개발팀, 메이크업 개발팀, 헤어 제품 개발팀, 기초 피부과학 연구센터, 신소재 개발센터, 안전성 및 분석센터, 연구지원 행정 부서 및 식약청 인허가 부서 등이 있음

나. 생산 분야

생산 부서는 연구개발 부서에서 제시한 품목을 실재 공장에서 다량으로 생산하는 부서로 화장품 제조와 생산에 필요한 원료를 수급하고 부자재 및 설비를 구비하는 업무도 담당한다.

많은 양의 원료와 부자재 및 설비를 구축하고 유지, 관리해야 하므로 대규모의 다양한 원자재의 구매와 조달 등을 책임지며 이의 업무에는 연구개발 부서와의 유기적

관계와 기술적 지원이 반드시 필요하다.

- 생산 내 세부 직무 : 생산직 인력과 이의 관리 감독을 담당할 관리 업무 외에 생산계획 관리, 생산부서 내의 회계 및 재무 업무, 세부 공장 운영과 관리 업무, 품질관리 업무, 환경 기준 관리 업무 등이 필요하다. 특히 품질경영 및 품질관리 업무는 생산된 화장품이 상품성을 보유하여 시장에서 유통될 수 있는 품질 기준에 부합하는지 계측하고 관리하는 부서이며 보통 화장품 제조 및 품질관리, 영업 등의 관리 감독 기구인 식약처의 인허가 업무 및 품질 유지 업무를 관장한다.

다. 마케팅 분야

마케팅 분야는 경쟁이 치열한 화장품 산업에서 고객의 마음을 사로잡아 다양한 제품들 중에서 자사 제품을 선택하게 만드는 중요한 부서로 감성 소비가 큰 비중을 차지하는 화장품 시장에서 매출에 영향을 줄 수 있는 매우 중요한 부서이다.

주로 어떤 유통 경로를 주력으로 삼아 제품을 판매하는지에 따라 마케팅 부서도 유통별 사업부의 형태로 존재하는 경우가 많다.

대형 회사들은 보통 마케팅 조직 안에 시판사업부, 백화점 사업부, 방판 사업부, 직판사업부, 온라인 사업부, 브랜드샵 사업부, 헤어 사업부, 특판 사업부 등등의 편제로 구성되며 각 사업부는 유통별로 한 단위가 되어 마케팅, 판매, 일반 지원 업무가 유기적으로 조직화 되어 운영된다.

마케팅 조직에서 가장 많은 인력이 필요하며 전반적인 브랜드의 런칭과 운영을 담당하는 인력이 브랜드 매니저라 불리는 BM이다. BM은 자신이 담당하는 브랜드를 기획하고 런칭하며 전반적인 브랜드 마케팅의 실무와 의사결정권을 행사하고 판매 및 매출에 대한 책임을 지고 재고 정리 및 매몰 비용까지 설계하는 전략가이다. 브랜드 매니저는 화장품 회사에서 가장 빛나는 중요 업무자로 자신이 담당하는 브랜드가 성공하고 매출이 높으며 회사에 기여하는 바가 클수록 연봉 및 인센티브, 승진 등의 성과급을 높게 받고, 반대로 질적이 저조하거나 조직 기여도가 낮을 경우 중요 업무에서 내부 경쟁에서 뒤처지거나 기여도가 낮은 브랜드로 재배치 되기도 한다.

브랜드 매니저는 이로인해 성과주의에 따른 성공과 실패가 극명하게 나타는 업무 분야로 전략적인 사고와 거시적, 미시적 지표 관리와 예측 등의 능력이 좋아야 한다.

브랜드 매니저가 브랜드 전체를 운영하는 큰 규모의 의사경정권자라면 PM은 프로덕트 매니저로 전체적인 브랜드 단위가 아닌 단품이나 브랜드 내의 일부 제품 라인등의 소규모 제품을 담당하는 업무자를 일컫는다. PM은 BM이 되기 전이나 직급상 아래 단계라 할 수 있으나 부여되는 권리와 책임은 BM과 다르지 않다.

이외에 온라인 유통이나 홈쇼핑 등에서는 BM과 PM이 아닌 MD가 존재한다. MD는 머천다이징 매니저의 약자이나 회사 규모 및 특성에 따라 업무는 다양하게 나타난다. 온라인과 홈쇼핑 등에서는 직접적인 제품 생산과 유통이 아닌 제조회사가 만든 다양한 화장품을 비교, 선별하여 온라인 유통이나 홈쇼핑에 런칭하므로, MD가 선별한 제품이 온라인이나 홈쇼핑에서 판매되었을 때 높은 매출이 나올 수 있도록 최선의 제품을 선별해 구매하는 사람을 뜻한다.

다양한 유통 업체와 온라인 유통, 홈쇼핑 등이 많아지면서 BM, PM 등만 아니라 MD가 필요로 하는 영역과 업체가 많아지고 있어, 꼭 화장품 회사의 BM, PM이 아니더라도 화장품-뷰티분야 MD로 온라인, 홈쇼핑 등의 업체에 진출할 수 있다.

- 생입사에 유리한 전공 : 경영학, 경제학, 마케팅학 등의 상경 계열 전공자, 연구소 연구원 경력자, 시장보사 업무 경력자, 학술 및 교육 경력자 등
- 마케팅 내 세부 직무 : BM, PM, MD

라. 학술 및 교육 분야

학술 및 교육 분야는 화장품 개발과 판매를 위한 기초적 학술정보 제공 및 연구, 뷰티 및 화장품 트렌드 연구, 판매인 교육, 소비자 교육, 스킨 케어 및 메이크업 교육, 대내외 미용 원고 제공 등의 업무를 담당하는 분야이다.

일반적으로 여성 근무자가 남성보다 많은 편이며 특히 교육강사 업무는 뷰티 졸업생들이 가장 많이 지출할 수 있는 유력 분야이다.

다만 대형 회사들은 4년제 대졸자 이상을 선호하며, 해외 제휴사들과의 업무 및 교류를 위해 외국어 능통자를 선호하고 교육문안 작성과 미용원고 작성, 교육을 위한 강의 스킬과 실무 테크닉이 뛰어난 인재를 선호해 입사에 많은 어려움이 존재한다.

일부 메이크업 및 쇼 이벤트를 겸직하는 회사의 경우 메이크업 테크닉과 쇼 이벤트 진행, 용모 등이 우수한 사람을 선호하기도 하므로 일률적인 기준 제시는 어려우나 대체로 여성들이 무척 선호하는 화장품 회사 업무로 인해 매우 높은 경쟁률을 기록한다.

- 입사에 유리한 전공 : 교직 이수자 선호, 외국어 능통자 선호, 대체로 인문 사회 계열 전공자를 우대하나 일부 화학공학, 화학, 생물학, 소비자 관련 전공자 선호
(대형 회사에서는 뷰티 전공자보다 회사의 전반적인 업무를 수행할 수 있는 인재를 선호해 기능 보유력이 높은 뷰티 전공자에게 별도의 가산점을 주지 않으므로 기본적인 학점, 외국어 능력, 기획 및 자료조사, 강의 스킬 등을 배양해야 함)
- 학술 및 교육 세부 직무 : 학술연구, 자료 리서치, 교육 문안 작성 및 교육 프로그램 기획, 제품 교육, 마케팅 교육, 판매인 기본 소양 교육, 교육강사, 계약직 강의 전담 강사 등으로 내부벅으로 세분화된 직급 체계를 가짐

마. 판매 분야

판매 분야는 유통별로 시판유통, 백화점 유통, 방판 유통, 직판 유통, 온라인 유통, 헤어 제품 유통 등등의 유통 채널별로 판매가 이루어지는 직무 분야이다.

일반적으로 매장 판매인이 판매를 전담하며 유능한 판매, 영업인의 양성을 위해 각사가 심혈을 기울이고 있으며, 판매 직무가 없을 시 회사의 매출 자체가 나타날 수 없는 직무로 갈수록 판매에 대한 중요도가 높아지고 있다.

주로 전문대학을 졸업한 학생들에게 문호가 높으며 뷰티 서비스분야의 취업보다

연봉수준과 직원 복지후생, 서비스 교육 혜택 등이 높은 편이다.

바. 물류 분야

공장에서 제조된 화장품을 판매하고 유통하기 위해 행해지는 조직적인 과정을 담당하는 부서를 말한다. 판매 및 재고 관리를 위해 체계적인 전산 시스템에 의해 실시간으로 관리되며 이를 위해 자체 물류팀을 두거나 대규모 전문 물류 회사에 아웃 소싱하여 전문화, 집중화를 향상하고 대폭적인 물류 비용을 절감하기도 한다.

사. 디자인 개발 분야

디자인 개발 분야는 화장품의 선택하는 고객들이 중요시 하는 용기 디자인과 부자재 개발 등을 전담하는 부서로 보통 산업 디자인을 전공한 종사자가 많다.

대형 회사는 자체 디자인 개발팀을 두지만 일부 회사는 빠른 트렌드 적용 및 경제성을 이유로 디자인 개발 분야도 외부의 전문 디자인 회사에 외주를 주어 운영 하기도 한다.

예쁘고 아름다운 디자인만 고집하지 않고 제품 원료와의 특이성 및 문제점 확인, 경쟁 회사와의 차별화 구축, 제품 디자인 컨셉의 구현성, 독창성, 기존의 자사 브랜드 제품과의 일관성 등의 브랜드 히스토리와 잘 맞아야 한다.

- 입사에 유리한 전공 : 산업디자인 외 미술 대학 전공자

아. 일반 지원 부서

위의 대표적인 직무 분야 이외에도 일반적인 회사에 꼭 필요한 총무, 인사, 전산, 회계, 재무, 홍보, C/S, 콜센터 등이 일반적인 지원 부서에 해당된다.

이들 지원 부서는 화장품 회사의 직무와 맞물려 각 전문 분야가 최대의 성과가 나도록 지원해 궁극적으로 높은 매출 성장과 많은 경상 이익을 위해 협력한다.

이외에 회사 규모와 지향하는 특수 업무 분야를 강화하고자 감성 연구소, 소비자 소비 요건 연구를 위한 연구소, 뷰티 및 화장품 박물관, 갤러리, 뷰티 아카데미, 뷰티 센터 등이 존재한다.

뷰티 전공자들은 화장품 회사가 뷰티 전공자를 우대할 것이라는 막연한 기대와 선망을 가지고 있지만 실제 화장품 회사에서는 뷰티 전공자를 기능인이라고 인식하는 경향이 있어 뷰티 전공자들이 원하는 직무 분야보다 뷰티센터나 판매 현장에서 하위 직급의 기능인으로 채용하는 경우가 더 많으므로 화장품 회사 입사를 위해 각 업체가 원하는 신입사원의 스팩과 자격 기준을 잘 익혀 재학 중 하나하나 실현하여 입증해야 좋은 결과를 바랄 수 있으므로 특히 유의한다.

직종의 특성상 여성 종사자가 많을 것으로 생각하나 실제 화장품 회사의 관리직은 남성이 압도적으로 많고 여성은 상대적으로 학술과 교육, 마케팅, C/S, 홍보 분야에 많이 포진한 편이다.

뷰티 전공자들은 여성 인력이 많은 편인 이들 직무를 우선 공략하고, 다음으로 콜센터, 뷰티 아카데미, 각 유통별 판매인(특히 백화점과 브랜드샵, 대형마트), 쇼 이벤트팀 등의 기능직 중 원하는 분야를 살펴보는 것이 좋다.

8-5 화장품 상담 기법

1. 화장품 상담의 기본 요건

건강한 피부로 가꿔가며 아름다운 용모를 위해 사용하는 화장품은 사용 목적과 용도, 피부 타입에 따라 매우 다양한 제품들이 존재해 어떤 제품을 선택하는 것이 가장 좋은 선택이 되는지 고민스러울 때가 있다.

특히 현재의 산업 행태에서는 많은 국내 제조회사와 해외에서 수입된 브랜드들이 너무나도 많아 소비자들은 명칭만 듣고서는 어떤 품목이 어떤 기능과 특성을 가지고 있는지 파악하기가 힘든 상황이다.

이러한 현상은 사회가 고도로 분업화, 전문화, 특성화, 차별화 하면서 나타나는데 특히 개성이 강하고 화장품과 뷰티 분야에 대한 정보 공유력이 높은 국내 현실에서는 화장품의 상담 기법이 회사의 매출 향상에 매우 중요한 요소가 되고 있다.

따라서 과거와 달리 영업 및 판매 업무에 대한 중요성이 매우 높아지고 각 유통 채널별로 영업인력의 수요가 급격히 증가하며 안정적인 근무조건과 연봉을 제시하는 회사들이 늘어나고 있다.

여기에 백화점의 매출 호조 및 증가, 면세점에서의 국산 화장품 및 해외 화장품의 높은 인기, 대기업 및 중견 회사의 브랜드샵의 확장, 대형마트 유통의 확대, 온라인 쇼핑몰의 증가 및 인터넷 기반 환경 발전, 홈쇼핑 화장품의 확대, 피부미용실 유통의 화장품 증가, 메디컬 유통 전용의 화장품 증가 등에 힘입어 우리나라에서 화장품을 상담하고 판매하는 영업 인력은 기하급수적으로 늘어난 상황이다.

각 업체마다 필요로 하는 인력 수요는 많지만 제대로 된 화장품 상담기법을 익히고 체화시킨 신규 인력은 적어 기업체에서는 당장 업무에 투입할 수 있는 경력 사원을 선호하는 추세이다. 그러나 이러한 경력 사원은 적은 인원일 수밖에 없어 일정 정도의 화장품 상담 기법을 익힌 뷰티 전공자들은 신규 취업을 통해 많은 진로를 개척할 수 있는 유리한 입장이다.

이처럼 수요가 많은 각 방면에서 응용하고 활용할 수 있는 화장품 상담에는 몇 가지 기본적인 중요 요소가 있다.

어떤 유통에서 적용하더라도 먼저 우리나라 고객의 특성을 먼저 이해해야 한다.

전 세계에서 우리나라는 높은 인구밀도와 경쟁 교육을 통해 일정한 유행과 트렌드에 매우 민감한 경향성을 띄고 있다. 인기있는 제품의 유행과 신제품에 대해 늘 목말라 있으며 새로운 것을 받아들이는 속도가 매우 빠르다.

특히 인터넷과 스마트폰에 대한 적응도가 높고 사회 관계망 형성에 적극적인 젊은 세대에서는 특히 새로운 컨셉과 신소재 개발, 새로운 제형과 디자인 요소, 인기 연예인의 광고 홍보 등에 민감한 반응을 보인다.

반면 인터넷 기반이나 스마트폰 등의 기기 사용과 활용 빈도가 낮은 중장년층 이상의 고객은 기존에 사용하던 브랜드에 대한 충성 고객이 많고 주변인의 평가와 구전 효과에 많이 의존하는 특성이 있다.

다음으로 시중에 넘쳐나는 많은 제품들이 있어 소비자는 필요한 품목이 있어도 느긋하게 자신의 쇼핑 권리를 충분히 즐기면서 구매 행동을 하게 된다. 이는 과거와 달리 공장에서 생산하는 제조회사와 생산 품목이 넘쳐나므로 소비자의 수요 욕구가 생산 욕구보다 낮아 생기는 현상이다. 이러한 생산자와 소비자의 욕구 관계에서 소비자가 우위를 차지하면서 한정된 소비자를 두고 자사 제품의 장단점을 알려 구매하게 하는 판매 상담이 중요해졌고, 고가의 기능성 제품이나 피부관리실 , 메디컬 등에서의 서비스 상품과 결합되어질 때 그 중요성은 더욱 높아지게 되었다.

이런 산업 환경에서는 물품의 사용성을 강조해 물품을 판매하는 것이 아니라 고객이 화장품을 통해 얻을 수 있는 유무형의 가치를 얻어가는 것으로 전환해야 한다.

고객이 화장품을 통해 단순히 크림 하나를 사는 것이 아니라 고객이 필요로 하는 피부 고민, 유효성, 사용기간, 유의점, 라이프 스타일 등을 향유하게 하고 이 모든 것이 고객에게 모두 필요한 것이어야 한다.

국내의 화장품들은 기본적으로 품질이 우수하다. 품질의 상향 평준화로 특색 없고 눈에 띄지 못하는 평범한 제품은 고객에게 식상하게 느껴질 수 있으므로 고객을 1대 1로 상담하는 짧은 시간 안에 고객의 피부 고민에 맞는 유효성을 가진 제품을 권유하고 그것의 특징과 장점을 설명할 수 있는 순발력이 필요하다.

화장품 상담은 단순하면서도 고객과의 교감과 내적 설득을 기반으로 하므로 무엇보다 고객의 니즈를 파악해 그것의 만족을 목적으로 하므로 먼저 고객이 필요로 하는 요소와 기대 효과가 무엇이며 자신이 선호하는 품목의 특성에 대해 스스로 말할 수 있도록 편하게 대화를 이어가는 것이 중요하다.

고객과의 화장품 상담을 위한 순서를 살펴보면 다음과 같다.

고객 대면	
↓	
고객 응대	
↓	
고객과의 대화를 통한 니즈 파악	피부 고민, 원하는 효과, 피부 타입, 가격대, 기존에 사용중인 품목 등
↓	
고객에게 가장 적합한 화장품 품목 제시	고객에게 가장 적합한 품목 및 브랜드를 추천해 고객이 필요 물품을 선택하게 함
↓	
추가 상담	고객의 라이프 스타일 및 전반적인 피부 상담으로 고객 상황을 체크해 화장품을 이용한 최선의 관리가 되도록 필요 품목, 관리 방법, 일상 습관, 사용횟수, 순서 등을 추가로 2차 상담을 진행해 품목을 추천함
↓	
고객의 최종 선택	추가 상담에 대한 고객의 최종 선택 (상담 결과를 받아들이거나 거절함)
↓	
고객 DB 구축으로 지속적 관리	고객에 대한 기본 사항과 특기 사항을 기록해 지속적인 고객 관리를 시작함

● 고객이 상담자에게 원하는 기대 심리

▪ 자신에게 관심과 정성을 쏟아 집중해 주길 바란다.

모든 고객은 자신이 지불한 금정적 가치와 권리에 맞게 자신에게 상담자가 집중적인 관심과 정성, 예의를 표현해 주기를 바란다. 그러므로 고객과 대면하고 응대, 상담을 진행하며 다른 고객과 병행해 상담하거나 전화를 받거나 동시에 여러 일을 수행하며 상담하면 100% 필패한다. 무조건 고객과의 상담에는 상담에 집중할 수 있는 분위기와 여건을 만들어 고객과의 대화에 집중하고 예의바른 상담 태도로 호의적인 인상을 남겨야 한다.

▪ 신속한 일처리와 즉각적인 결과를 원한다.

우리나라 사람들은 다른 나라에서도 '빨리빨리' 고객으로 유명 할 만큼 기본적으로 매우 급하고 신속한 일처리를 선호한다. 기본적인 성향이 이러한데 본인의 원하는 바를 위해 상담할 때는 너욱 더 자기 본위위주의 빠른 일처리와 즉각적인 결과를 원한다.
기능 개선을 위한 전문적 피부 기능 화장품들이 고가에도 매출이 높은 것은 기능 신뢰를 통해 정해진 기간 동안 사용 효과가 배가될 것이라는 기초적 믿음과 신뢰가 있기 때문이다.
그러므로 고객과 대면할 때는 절대 고객을 기다리게 해서는 안되며, 전화 벨도 3번이 울릴 때까지 방치 하지 않고 3번의 벨소리 이내에 바로 받도록 한다.
근면, 성실함을 통해 산업화를 일군 사회적 경험에 따라 빠른 일처리와 빠른 결과는 고객과의 상담 과정에서도 매우 중요한 요소가 되었다.위한 좋은 기회 요인이 된다.

▪ 유능하고 권한 많은 상담자를 원한다

우리나라에서 똑같은 일을 하더라도 주된 업무 진행자가 누구냐에 따라 결과가 달라질 수 있다. 고객은 자신의 상담자가 고객의 요구와 문제에 대해 잘 대처하고 유능하게 일을 처리해 고객인 자신에게 더 많은 이익을 주기를 원한다. 화장품 상담 과정에서는 베테랑이면서 피부 및 화장품에 대한 전문화된 지식과 노하우를 갖는 사람일 수 있고, 부가적인 사은품과 샘플, 서비스 이용권 등을 후하게 줄 수 있는 직급자이거나 경제적 보상을 줄 수 있는 경우라면 더욱 선호한다. 그러므로 화장품의 상담 과정에서 충분한 고객의 이익과 특전이 있음을 알려주고 이를 통해 다양한 고객 창출 및 단골 고객의 확보 시 주어지는 특전에 대해 미리 알려주며 지속적인 관계 형성에 대한 정보도 함께 제공하면 더욱 좋다.

누구나 사용하는 화장품이지만 바른 순서, 바른 사용법, 적당량의 사용 횟수, 도구의 관리, 일상 생활에서의 유의점, 올바른 보관법, 성분 및 품목별 유통 기간 등에 대한 전문 지식이 부족하므로 고객에게 이러한 정보를 간결하게 핵심만 전달할 수 있도록 미리 연습하면 실전에서 훨씬 유용하게 활용될 수 있다.

무엇보다 고객과의 화장품 상담에서 최고의 덕목은 진정성이다. 진정으로 고객의 피부 고민이 개선되고 필요로 하는 정보를 제공해 서로 상생하는 자세와 정성을 보인다면 고객과의 신뢰가 쌓이고 충분한 유대 관계가 생성되어 장기간 함께 하는 단골고객, 충성 고객이 될 수 있다.

최근의 마케팅 트렌드는 신규 이벤트와 홍보를 통한 신규 고객의 확보 보다 신뢰감이 형성된 기존 고객을 만족시켜 충성 고객으로 확보하는 것이 훨씬 회사에에 도움되는 것이라 생각해 충성 고객을 확보하기 위해 회원 등급제에 따른 단골 고객을 확보해 지지가 굳건한 충성고객으로 육성하기 위해 많은 마케팅 비용을 투입하고 있다.

이는 고객과 회사에도 모두 도움이 되어 고객 만족도도 높이고 돌아오는 특전도 많아지는 점을 고객에게 잘 어필하면 큰 성과를 거둘 수도 있다.

2. 소비자 만족과 클레임 처리

화장품 상담을 통해 피부 관리의 지식과 올바른 관리법, 자사품에 대한 좋은 이미지를 제공하였어도 고객이 구매한 제품에 대해 클레임을 제기하면 상담자나 회사에서는 참으로 난처할 수 있다. 그러나 고객 만족을 기치로 하는 무한 경쟁 시스템에서 한 명이라도 클레임이 발생하면 기업 이미지와 매장 이미지에 악영향을 줄 수 있으므로 각 회사에서는 자체적인 클레임 처리 기분을 두어 전국에서 일관성을 가진 매뉴얼대로 고객 클레임을 처리한다.

단순 교환 등으로 인한 교환이 아닌 피부 트러블에 의한 클레임을 고객이 제기 시 회사에서는 콜 센터를 통한 C/S(소비자 만족)팀에서 적극적으로 사후 처리를 진행하고 있다. 대부분 아주 경미한 트러블이 발생되며 고객의 건강 상태 및 과로, 여성 호르몬 주기에서 나타나는 특이 증상, 복용 약물, 외부 자극 등과 복합되어 나타날 수있으므로 우선 피부 트러블을 진정 시키고 피부과 진료를 우선 받도록 하여 조기에 피부 트러블을 해소 하도록 한다.

소비자 클레임 처리는 절대로 자의적으로 진행하지 않으며 즉흥적으로 처리 하지 않고, 회사 내부 기준과 절차에 따라 진행하며 상황에 대한 꼼꼼한 기록과 상부 보고를 통해 데이터 베이스화 하여 재발을 방지하고 원인 분석에 들어가도록 한다.

간혹 블랙 컨슈머라 불리는 악성 고객이 클레임을 제기하며 화장품 회사에 금전을 요구하는 사례가 생기나 이런 경우는 각 화장품 회사들이 협력해 블랙 컨슈머 리스트를 공유하고 악의적인 블랙 컨슈머에게는 적극적으로 공동 대응하고 있다.

● 고객 클레임 처리 시 유의점

고객의 클레임은 제품에 대한 클레임 뿐만 아니라 무형의 서비스에 대해서도 발생될 수 있다. 그러므로 이러한 불만 고객에게는 불만에 대한 요구를 수용하고 더불어 다른 고객에게서 발생될 수 있는 미래의 돌발 위험을 미연에 방지해 준다는 예방 효과도 있으므로 클레임 고객에게는 더 큰 친절과 세심한 배려가 필요하다

▪ 고객 클레임 처리 시 기업에 미치는 영향

- 고객 유지율을 증가시켜 탈락 고객을 방지할 수 있다.
- 기업에 대한 이미지 훼손 및 제품에 대한 이미지를 높여 오히려 기업 이미지를 상승 시킬 수 있는 기회가 되기도 한다.
- 불만 고객은 신제품 개발 및 기능 개선의 아이디어 뱅크로 활용될 수 있다.
- 불만고객은 전체 불만 고객 중 5%의 이내에서 발생하므로 1명의 불만고객을 만족시키면 나머지 고객에 대한 만족도도 자동 상향 된다. 또한 이 1명의 불만고객을 만족시키지 못하면 불만고객 1명이 10~30명의 주변 고객에게 부정적 이미지를 전파하므로 장기적 관점에서 1명의 고객 클레임은 회사의 발전과 제품 개선을 위한 좋은 기회요인이 된다.

| 참고 문헌 |

- 2011년화장품산업 분석 보고서, 한국보건산업진흥원(2012)
- 화장품 산업 통계자료, 대한화장품산업연구원(2011~2012)
- Datamonitor Personal Care Market Data, 2011
- 2011 보건산업통계집, 한국보건산업진흥원
- 중국인 개별관광객 유치 활성화 방안, 한국문화관광연구원(2011)
- 알기쉬운 화장품학, 이인철 외, 정문각
- 화장품과학, 허정록 외, 형설출판사
- 신화장품학, 동화기술 권경옥 김주덕 외
- 화장품학, 조미영 외 훈민사
- 화장품학, 고혜정 외 정문각
- 화장품학, 김기연 외 현문사
- 최신 화장품학, 김주덕 광문각
- 화장품학, 하병조 수문사
- 화장품 성분학, 하병조 수문사
- 인천뷰티도시조성을 위한 마스터플랜 연구, 김은화 외 인천경제통상진흥원
- 화장품 화학, 하병조 수문사
- 피부관리용 화장품성분학사전, 김귀정 외 정담
- 뷰티, 윤은재 외 성화
- 미용학개론, 고문사

| 저자 소개 |

고 혜 정 교수 (수원여자대학교 미용예술과)
김 노 수 교수 (영동대학교 화장품학과)
김 은 화 교수 (천안연암대학 뷰티아트과)
오 정 숙 교수 (경동대학교 의료뷰티학과)
엄 미 선 교수 (장안대학교 뷰티디자인과)

뉴 화장품학
New Cosmetology

2013년 8월 5일 (1판 1쇄 발행) / 2017년 2월 28일 (1판 2쇄 인쇄)
지은이. 고혜정 · 김노수 · 김은화 · 엄미선 · 오정숙
펴낸이. 고범석 | 펴낸곳. 가담출판사. 서울시 마포구 동교로 144-7 영일빌딩
등록. 2011년 8월 23일 제 2013-000043호
E-mail. gadambooks@naver.com

ISBN 979-11-85285-01-6 93590 가격 **24,000**원